"八闽茶韵"丛书编委会

主　任：梁建勇

副主任：蔡小伟　杨江帆　卓少锋

编　委：郑东育　林仙元　陆传芝　郑廼辉

　　　　叶乃兴　江　铃

—— 八闽茶韵 ——

政和白茶

福建省人民政府新闻办公室　编

编　著：李隆智　杨　丰　周元火　熊源泉

 海峡出版发行集团
THE STRAITS PUBLISHING & DISTRIBUTING GROUP | 福建科学技术出版社
FUJIAN SCIENCE & TECHNOLOGY PUBLISHING HOUSE

图书在版编目（CIP）数据

政和白茶 / 福建省人民政府新闻办公室编；李隆智等编著.
—福州：福建科学技术出版社，2019.12
（"八闽茶韵"丛书）
ISBN 978-7-5335-6041-6

Ⅰ.①政… Ⅱ.①福… ②李… Ⅲ.①茶文化－政和县 Ⅳ.
①TS971.21

中国版本图书馆CIP数据核字（2019）第248881号

书　　名	政和白茶
	"八闽茶韵"丛书
编　　者	福建省人民政府新闻办公室
编　　著	李隆智　杨丰　周元火　熊源泉
出版发行	福建科学技术出版社
社　　址	福州市东水路76号（邮编350001）
网　　址	www.fjstp.com
经　　销	福建新华发行（集团）有限责任公司
印　　刷	福建彩色印刷有限公司
开　　本	700毫米×1000毫米　1/16
印　　张	9.5
图　　文	152码
版　　次	2019年12月第1版
印　　次	2019年12月第1次印刷
书　　号	ISBN 978-7-5335-6041-6
定　　价	48.00元

书中如有印装质量问题，可直接向本社调换

序　言

梁建勇

　　"八闽茶韵"丛书即将出版发行。以茶文化为媒，传承优秀传统文化，促进对外交流，很有意义。

　　福建是中国茶叶的重要发祥地和主产区之一。好山好水出好茶，八闽山水钟灵毓秀，孕育了独树一帜福建佳茗。早在 1600 年前，福建就有了产茶的文字记载。北宋时，福建的北苑贡茶名冠天下，斗茶之风风靡全国，催生了蔡襄的《茶录》等多部茶学名作，王安石、苏辙、陆游、李清照、朱熹等诗词名家在品鉴闽茶之后，留下了诸多不朽名篇。元朝时，武夷山九曲溪畔的皇家御茶园盛极一时，遗址至今犹在。明清时，福建人民首创乌龙茶、红茶、白茶、茉莉花茶，丰富了茶叶品类。千百年来，福建的茶人、茶叶、茶艺、茶风、茶具、茶俗，积淀了深厚的茶文化底蕴，在中国乃至世界茶叶发展史上都具有重要的历史地位和文化价值。

　　茶叶是文化的重要载体，也是联结中外、沟通世界的桥梁。自宋元以来，福建茶叶就从这里出发，沿着古代丝绸之路、"万里茶道"等，远销亚欧，走向世界，成为与丝绸、瓷器齐名的"中国符号"，成为传播中国文化、促进中外交流的重要使者。

当前，福建正在更高起点上推动新时代改革开放再出发，"八闽茶韵"丛书的出版正当其时。丛书共 12 册，涵盖了福建茶叶的主要品类，引用了丰富的历史资料，展示了闽茶的制作技艺、品鉴要领、典故传说和历史文化，记载了闽茶走向世界、沟通中外的千年佳话。希望这套丛书的出版，能让海内外更多朋友感受到闽茶文化韵传千载的独特魅力，也期待能有更多展示福建优秀传统文化的精品佳作问世，更好地讲述中国故事、福建故事，助推海上丝绸之路核心区和"一带一路"建设。

2019 年 2 月

目录

北苑灵芽天下精

一

福建是中国茶叶的重要传统产区，早在商周时期就发现并开始利用茶叶。政和县则是福建茶叶的主产区之一，已有上千年的种植历史，茶叶种植面积大、产量高。

六大茶类中，白茶诞生的历史可上溯到神农氏时代。北宋时，白茶作为一独特茶类已见诸多种文献记载。政和县自宋太祖时期起，就已创立"龙焙"，生产专为"贡御"的白毫茶。北宋仁宗庆历间，蔡襄受命为福建路转运使，曾写下七绝一首赞颂政和白毫茶，历代传为佳话。宋徽宗政和五年，关隶县更因贡御当地所产之白毫茶，博得徽宗"龙颜大悦"，遂将"政和"年号赐作关隶县新县名。

念山生态茶园

2009 年，陕西省考古和历史工作者在对西安蓝田吕氏家族墓葬抢救性发掘中，发现了距今近 1000 年的茶叶和铜质茶叶渣斗，在渣斗上还附着有保存完好的 30 多根茶叶，甚为罕见。后经专家鉴定，这些

蓝田吕氏家族墓地出土的铜质渣斗及茶叶

茶叶竟是产自福建省政和县的极品白茶。

据《宋史》等史料记载，蓝田吕氏乃北宋中后期京兆地区的望族，吕氏家族三代高官：吕祖通是太常博士，其子赉，比部郎中，生六子，五人登科。长子大忠，历任晋城令、秘书丞，元丰中曾任河北转运判官，元祐初任陕西转运副使。次子大防，神宗时任著作郎，曾任河北转运副使，元祐初拜尚书右丞。三子大钧，先任光禄寺丞，后又先后知泾阳、侯官等县。四子大临，通"六经"，元祐中为太学博士，选秘书省正字。在如此显赫的望族墓中何以会有政和白茶呢？

其原因之一可能是皇帝的恩赐。当时白茶极为珍贵，只有皇帝的近臣可能得到些许赏赐。其次，吕氏兄弟中大忠、大防分别担任过陕西和河北转运副使，都是专管茶盐生产和漕运之官，他们与驻建州的福建漕运官之间必有交谊，从建州同僚那里得到一些政和白

茶是有可能的。进一步考证还发现，吕氏兄弟中的吕大临不但是北宋名士、金石家，而且与闽北有一种特殊关系——大临与游酢、杨时、谢良佐同为程门弟子，世称"程门四先生"。游酢、杨时均为闽北人，好友至交间以名茶相馈赠是常有之事。正是这种种因由，才使闻名遐迩的政和白茶为吕氏家族所珍藏，并似珍宝般带进长眠的墓地，足见1000年前政和白茶就已经与珠宝等价了。

（二）两晋始有唐宋兴盛

1983年，在福建省文物普查中，政和县先后在石屯镇松源村卢塘及虎咬垅抢救性发掘4座两晋及南北朝时期墓葬，这些墓葬均为砖室墓，墓砖分别刻有"元嘉十二年""永明五年"等铭文。出土不少金、银及陶瓷器，其中有一件青瓷五盅盘格外引人注目：在一个圆形瓷盘内放置五个小瓷杯，其状几乎与现代使用的茶盘无异，且十分完好。同一时期，在东平镇新口村牛头山发掘的两座南北朝墓葬中，又出土同样的五盅盘及壶、杯、盏等。

2009—2012年，福建省文物部门在配合宁武高速公路的基础建设中，又陆续在政和境内抢救性发掘97座南北朝时期墓葬，在出土的320多件文物中，又发现多件五盅盘。

这说明永嘉之乱后，北方士族大量南迁入闽，那些落籍于政和境内的士族们已有饮茶习惯，那时他们饮用的就是生长于岩崖之间的野生茶，且饮茶已成为他们生活中不可或缺的内容，以致在他们死后，还要把茶具作为随葬品带进坟墓，以便他们在另一个世界里，也能像生前一样享受品茗的乐趣。

唐代，政和已开始人工大面积种植茶叶。唐乾符间，福建招讨使张谨率部与黄巢义军鏖战于政和铁山，战殁后被安葬在铁山屯尾，其子世豪、世杰、世表兄弟三人"赴庙墓，不忍归"，遂定居于杨源凤山，后世杰移居张源，世表移居建安东苌里（今建瓯水源）。据明天启七年（1627）所纂之《张氏族谱》记载："谨公长（子）讳豪，行九，闻难偕仲季趋赴庙墓，既而始居杨源，辟凤山，植茶果；疏浚河道，放养锦鲤；精耕良田，种植稻菽，遂成大观矣。"这是唐代政和大规模人工种植茶叶的民间资料记载，故张世豪被政和高山茶区人民称为"茶祖"。后张谨之孙、张世表之子钦受，在建安东苌里水北开辟茶园，就是从其祖地政和杨源把茶叶引进过去的。933年，张钦受之子张廷晖将自己凤凰山方圆三十里茶园贡献给闽国。闽王依旧让他管理茶园，开办皇室独享的御茶园。因凤凰山地

凤山古茶园

6

处闽国北部，故取名北苑。之后北苑御焙翘楚北宋，张廷晖则被誉为"茶神"，故人们说政和杨源是北苑根脉之所在。

宋代政和白茶声名鹊起。五代后周灭亡后，宋太祖于开宝二年（969）即接管了北苑御茶园。至太平兴国元年（976），朝廷开始派官员驻北苑督造团茶。其时，建安、政和均为贡茶主产地。宋代贡茶多属白茶，除极品供皇帝享用外，还要赏赐皇亲、大臣，因此所需之量很大，光靠官焙远远不够，于是在北苑周边经严格遴选确立部分民焙，按贡茶要求生产，其茶品通过"斗茶"或行家评定，并入官焙之茶入贡。

据政和澄源前村《宋氏家谱·杂事记》（该谱编纂于宋建炎四年，即1130年）记载："宋太祖建隆壬戌三年，十八公灼，龙焙贡茶，进建州、后进御，十七公后以茶积富矣。"宋氏种植茶叶的山场，据考证在今镇前郢地深度坑，虽然逾越千余年，至今已变成茂密

茶叶末釉束口盏
（宋代建窑）

森林的茶园坑山中，到处可见祖先为了保护茶叶，围绕茶园用泥土夯筑的"土城"。其中，依然有茶叶茁壮生长，这些茶叶都是从枯死的老丛中拔芽出来的。

镇前深度坑宋代古茶园

（三）徽宗皇帝御赐县名

北宋书法家、文学家、政治家和茶学家蔡襄

明永乐年间编纂的《政和县志·沿革》中说："政和，古福州宁德县关隶镇之地也。宋咸平三年升为县……政和五年，改赐今名。"这个"赐"字，实在大有玄机。

政和县二元地理及气候特征突出，东南部多千米以上山区，自古野生菜茶就是生产白毫茶的上好原料，由其制造的白毫茶品质优良，成为北苑贡茶中之佼佼者。早在北宋庆历七年（1047），蔡襄受命

北苑御茶园遗址

为福建路转运使（专管茶盐监制和转运的官员）时，就对政和白毫茶赞誉有加，曾赋诗云："北苑灵芽天下精，要须寒过入春生。故人偏爱云腴白，佳句遥传玉律清。"近千年后的 1980 年 2 月 18 日，《天津日报》曾以此诗为题，宣传推介产自政和县的白毫银针茶。

政和于咸平三年（1000）立县，原名关隶县。当时关隶县的石屯镇旧称"东宫"，是宋代著名的北苑贡茶产地之一。在北苑贡茶品种中，白茶白毫银针因品质优、产量少而难得，一直在北苑贡茶中名列第一，是帝王杯中佳茗。宋子安撰《东溪试茶录》称："北苑西距建安之洄溪二十里而近，东至东宫百里而遥。过洄溪，逾东宫，则仅能成饼耳（编者注：指品质较差的饼茶）。"石屯镇一带现在依然盛产白茶。宋徽宗赵佶于公元 1107 年所著《大观茶论》称"白茶自为一种，与常茶不同"，足见徽宗尤爱白茶。

北宋政和五年（1115），爱茶懂茶的徽宗皇帝在品尝了建州漕运贡御的关隶县所产之白毫茶后，龙颜大悦，下诏将其"政和"年号赐给关隶县作县名，从此，关隶县改名为政和县，意为政通人和

国家级非遗四平戏《御赐县名》剧照：关隶县县令牛三九进献白茶给宋徽宗

国家级非遗四平戏《御赐县名》剧照：宋徽宗龙颜大悦，赐年号政和给关隶县作县名

之县。这是中国有史以来唯一一个因茶而获得皇帝赐给年号为县名的县。

（四）明清政和白茶大发展

明代，政和各大寺院纷纷制作茶鼓举办茶会。此时政和诸佛寺、资福寺、白云寺等均择日办茶会，茶会饮用的主要是白茶。宣德六年（1431），三保太监郑和受明宣宗之命第七次下西洋，其船队在福建长乐港等候冬季的东北风时，派人到闽北采购大量建州名茶，其中就有政和白毫茶，这些白茶随船队漂洋过海到东南亚、西亚和非洲。正统三年（1438），佛字庵举办盛大茶会，并建石塔纪念，其塔今尚保存完好，塔身上就镌刻有"戊午岁，田产佳禾，茶开端枝，庵中茶鼓成，行茶会祈福，立浮屠以禳"等铭文。茶会所用之茶就是白毫茶。

清代是政和茶业大发展时期，所产茶叶不仅产量大、品质优，而且新品迭出，尤其以白茶更为突出。嘉庆元年（1796），政和茶商周可白、邱国梁等人，用本地菜茶试制白毫银针4箱，运往香港和澳门销售，大受欢迎，随之各茶号竞相仿制，均获成功。咸丰初，政和铁山发现大白茶良种并培育成功后，从光绪十五年（1889）起，便改以政和大白茶壮芽精制白毫银针，从而大大提高了政和白毫银

具有千年历史的铁山宝福寺

保存于镇前鲤鱼溪公园的道光八年石刻
施茶碑

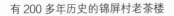
有 200 多年历史的锦屏村老茶楼　　澄源坑里古民居，清代这里是政和最繁荣的茶叶村

针品质和产量，最高年产量达 1000 多箱（每箱 20 千克），不仅占领国内市场，而且远销欧美多个国家。当时每箱市价高达银圆 326 元，以致民间流传"嫁女不慕官宦家，只询茶叶与银针"之谚。陈椽《茶业通史》载："咸丰年间，

100 多年前的茶行印章（吴香茂珍藏）

福建政和有一百多家制茶厂，雇用工人多至千计；同治年间数十家私营茶厂出茶多至万余箱。"这众多茶厂几乎都生产白毫银针。

(五) 民国初期方兴未艾

民国初期，政和白茶生产方兴未艾，当时有 50 多家茶行经营白毫银针，其中著名的茶号有"聚春隆""万福盛""万新春""怡和""美珍"等。1914 年，政和生产银针 40 余吨，全部经福州转口外销。

关于当时政和县茶叶特别是白茶生产情况，1907 年由日本东亚同文会经实地调查后组织编纂的《中国省别全志》第 14 卷《福建省全志（1907—1917）》中有十分生动的描述。在"人口与市况"条目中，这样写道："（政和县城）此地约 5000 户人家，人口有两万三四千人（同期松溪……充其量只有 15000 人；延平府城 5371 户，人口 25887 人；沙县城内外居民 1000 户，6000 人；尤溪户数 1000

锦屏古村这条窄窄的小街上，曾经聚集着十几家茶行

13

左右，人口 6000 人……福鼎 500 户，2000 人；福安城 1500 户，8000 人；寿宁三四百户，人口 2000 人）。城内茶叶的交易十分兴旺，街景比较繁华，福安、寿宁等地无法与此相比。此地气候温和，夏天也不

——
茶叶的发展，促进锦屏古村社会事业建设。村里建有 5 座精美的廊桥

太热。房屋多数是土木结构，石头结构的瓦房也不少。城内主要建筑物有近二三十家大茶商……"在"产业"条目中写道："政和县的第一物产是茶叶，镇内到处都是制茶之人，其景象令人瞠目。茶叶主要以绿茶为主，银针茶是政和县的特产，它与武夷山茶齐名，都是人们所喜欢的名茶。"这正是民国初期政和县茶叶（白茶）繁盛的真实状况。由于茶叶的兴盛，政和县的繁华程度竟大大超过福安和福鼎。

1922 年前后，政和东平、西津及长城一带茶区开始大量生产白牡丹，产品全部销往香港。此后，白茶产量逐年增加。据民国时期福建省外贸档案记载，政和县 1935 年生产白茶 300 担，值 45000 元；1936 年生产白茶 1084 担，值 162600 元；1937 年白茶产量为 1170 担，值 187200 元；1939 年白茶产量增至 1340 担，值 214800 元。

1941 年 12 月，太平洋战争爆发后，第二次世界大战范围扩大，从而严重打击了主要依靠外贸市场的政和白茶生产，致使政和白茶生产跌落到低谷。抗日战争结束后，蒋介石发动全面内战，中国共

产党则领导全国人民进行解放战争，开展游击战。政和茶区几乎全部是土地革命战争时期的革命老区和解放战争时期的游击区，在国民党"三光"政策摧残下，茶叶生产遭到严重破坏，至1949年5月政和解放前夕，茶叶产量不到1939年的20%。

（六）改革开放后欣欣向荣

新中国成立后，政和县的茶叶生产迅速得到恢复。1951年3月，福建省茶叶公司正式在政和创办政和茶叶精制厂，但以生产出口苏

1954年新建的政和茶厂

联的红茶为主,而东平、石屯等白茶传统产区则仍然坚持生产部分白茶。到20世纪50年代后期,恢复生产白毫银针。

———
20世纪70年代国营政和茶厂茶袋

1980年后,个私茶企迅速发展,白牡丹公司、闽峰茶厂、闽辉茶厂大量生产白茶。1992年,政和县生产白毫银针1000多担,产值600多万元。到20世纪90年代后期,政和各大茶企则大量生产白茶,且品质特佳,纷纷在各种展会中获金、银奖。

据2004年福建省茶叶学会公布的统计数据,2003年,福建全

———
东平生态茶园

省白茶产量 1760 吨，占全国白茶总产量的 90%以上，而其中 1230 多吨为政和县所生产，占全省当年白茶产量 70% 左右，足见政和白茶在全国白茶产业中之重要地位。2004 年，茶界泰斗

2008 年 3 月政和县狄得"中国白茶之乡"称号

张天福老先生到政和考察后，兴奋地亲笔题赠了"政和白牡丹名茶形色香味独珍"的褒词。由于政和白茶的特优品质，2001 年以来，各厂家生产的白茶（白牡丹、白毫银针等）先后在各种国际茶博会、上海世博会及茶文化节上获金、银奖，政和作为产地县代表参加国家标准委主持的白茶国家标准起草工作。2006 年，政和白牡丹茶叶有限公司获得茶叶进出口权，翌年，该公司被中国茶叶流通协会评为"中国茶行业百强企业"称号。2008 年 3 月，政和县被中国经济林协会授予"中国白茶之乡"称号。6 月，政和白茶地理标志产品证明商标通过国家工商总局商标注册。随后"政和白茶及图"商标被确认为福建省著名商标。

2011 年后，白茶市场逐年扩大，政和各茶企纷纷乘势而上，白茶产量进一步提高。2014 年，全县生产白茶 2300 多吨，成为全国最主要的白茶产地。

政和白茶的发展成就了一段绮丽的历史佳话。2015 年 5 月，中共中央政治局原常委、全国政协原主席李瑞环来到福建游览武夷山，品尝了政和白茶，并欣然提笔为政和白茶题词。同年 9 月 8 日，在

第十九届"9·8"国际茶展上，政和县举办了政和茶业推介会，福建省人大常委会原副主任、海峡两岸茶业交流协会创会会长张家坤代表李瑞环赠送"政和白茶"题词。

张家坤代表全国政协原主席李瑞环赠送"政和白茶"题词（徐庭盛摄）

二

一方水土一杯茶

一

政和县地处福建省北部，与浙江省南部相邻。

政和县山地广布，河谷盆地狭小，千米以上高峰有 75 座，著名的山峰有洞宫山、奖山、王母山、佛子岩、念山等。高山出好茶，主要是通过海拔高度差异，形成小区域的气候，并结合高山环境条件相互作用形成的。政和白茶产地海拔介于 200—850 米，其中海拔 400—850 米茶园主要分布在东部茶区，面积约占 60%，这片茶区冬季冷空气不易进入，夏季由于海拔适中，形成冬暖夏凉气候，年半均气温 14.7℃，所产茶叶持嫩性强，滋味鲜爽，毫香显露；海拔 200—400 米的茶园主要分布在西部茶区，面积约占 40%，这片茶区冬季较温暖，夏季气温较东部茶区高，年平均气温 18.3℃，有利于碳水化合物及多酚类的形成和积累，所产茶叶味浓醇厚耐泡。

地形地势不同，光、热、水、气、土、肥等条件也不尽相同，

佛子山生态茶园

因此会直接或间接地影响白茶茶树生物学特性和产量品质。高山云雾多，空气湿度较大，漫射、散射光多，蓝紫光多，且昼夜温差大，有利于氨基酸的合成与累积，茶叶品质较好。

（一）国家地理标志保护产品

"白茶"一词最早见于唐代茶圣陆羽所著的第一本茶学专著《茶经》。《茶经·之事》载："永嘉县东三百里有白茶山。"这里记述的唐代永嘉县，即现今浙江的温州。而东三百里实际上是南三百里的地域，永嘉南三百里，即现今福建省的闽北闽东临近浙江的地域范围，这区域内生长的茶树因鲜叶上长满白色毫毛而闻名。这里记述的"白茶"实

好山好水出好茶

罗金坂生态茶山（陈昌村摄）

际上指的是白茶的茶树品种。

唐宋时期，茶叶主流形态为团饼茶，制法为蒸青绿茶工艺再紧压为团形，之所以称为"白茶"是成品茶因白毫而显白色。这种蒸青的团饼形态的茶一直延续流行至明初。

白茶的制作工艺数千年前就出现了，茶树品种也在唐代得以记载。宋徽宗对白茶的青睐有加，及政和白茶贡茶业的发展，开启了政和白茶品牌的辉煌。明初，明太祖朱元璋推行休养生息政策，贡茶废除团饼茶改贡散茶，使茶叶主流形态变为散茶。闽地的蒸青团饼白茶，因政策的变更，带来了白茶工艺改革，从而诞生现代意义上的不炒不揉的白茶。

白茶制法和白茶茶树品种真正融合是在清朝中期，产生于率先发现白茶茶树品种地方之一的政和。尤以政和大白茶树的发现，带来政和白茶地理标志性的进一步升华。这个历史性的结合，使政和白茶名副其实，成为茶叶大观园中的奇葩，香飘天下，名扬四海，奠定了政和白茶地理标志产品的基础。

新中国成立后，政和白茶得到了进一步的发展。

1959 年，福建省农业厅在政和县建立了大面积大白茶良种繁殖场，繁育政和大白茶苗 2 亿多株，种植区域逐渐扩展到贵州、江苏、湖北、湖南、浙江、江西及福建的其他县市。1972 年政和大白茶被定为中国茶树良种。

改革开放以后，政和白茶的生产和销售得到了重视，政府加大了对茶业的宣传和投入。

2007 年，《地理标志产品 政和白茶》国家标准通过专家审查，国家质量监督检验检疫总局批准对政和白茶实施地理标志产品保护，标志着政和白茶从名品向名牌发展。

现行国家标准 GB/T 22109—2008《地理标志产品 政和白茶》中规定："政和白茶在地理标志保护范围内的自然生态环境下，采用适制白茶茶树品种的鲜叶为原料，按照不杀青、不

政和白茶获得国家地理标志产品保护

揉捻的独特加工工艺制作而成，具有清新、纯爽、毫香品质特点的

白茶。""政和白茶分为白毫银针和白牡丹。"政和白茶的茶树品种为"政和大白茶、福安大白茶等适制政和白茶的茶树品种。"政和白茶的地理标志保护范围是政和县境内。

全国优秀县委书记、时代楷模廖俊波与茶农交流，体验"可以生吃"的生态茶

（二）白毫银针传说

政和县盛产一种名茶,色白如银形直如针,据说此茶有明目降火的奇效,可治"大火症",这种茶就叫"白毫银针",是享有国际声誉的名茶。创制银针茶的"银针姑娘"是政和人的茶神,

新采摘的芽头

政和民间至今流传着关于银针茶来历的动人传说。

传说很早以前,有一年,政和一带久旱不雨,瘟疫四起,病者、死者无数。在东方云遮雾挡的洞宫山上有一口龙井，龙井旁长着几株仙草，揉出草汁能治百病，草汁滴在河里、田里，就能涌出水来，因此要救众乡亲，除非采得仙草来。当时有很多勇敢的小伙子纷纷去寻找仙草，但都有去无回。

银针姑娘采撷仙草芽叶的洞宫山风景秀丽

有一户人家，家中兄妹三人，大哥名志刚，二哥叫志诚，三妹叫志玉。三人商定先由大哥去找仙草，如不见人回，再由二哥去找，假如也不见回，则由三妹寻找下去。这一天，大哥志刚出发前把祖传的鸳鸯剑拿了出来，对弟妹说："如果发现剑上生锈，便是大哥不在人世了。"接着就朝东方出发了。走了三十六天，终于到了洞宫山下，这时路旁走出一位白发银须的老爷爷，问他是否要上山采仙草，志刚答是，老爷爷说仙草就在山上龙井旁，可上山时只能向前千万不能回头，否则采不到仙草。志刚一口气爬到半山腰，只见满山乱石，阴森恐怖，身后传来喊叫声，他不予理睬，只管向前，但忽听一声大喊："你敢往上闯！"志刚大惊，一回头，立刻变成了这乱石岗上的一块新石头。

这一天志诚兄妹在家中发现剑已生锈，知道大哥已不在人世了。

于是志诚拿出铁箭对志玉说，我去采仙草了，如果发现箭镞生锈，你就接着去找仙草。志诚走了四十九天，也在洞宫山下遇见白发老爷爷，老爷爷同样告诉他上山时千万不能回头。当他走到乱石岗时，忽听身后志刚大喊："志诚弟，快来救我。"他猛一回头，也变成了一块巨石。

志玉在家中发现箭镞生锈，知道找仙草的重任终于落到了自己的头上。她出发后，途中也遇见白发老爷爷，同样告诉她千万不能回头等话，且送给她一块烤糍粑。志玉谢后背着弓箭继续往前，来到乱石岗，奇怪的声音四起。她急中生智用糍粑塞住耳朵，坚决不回头，终于爬上山顶来到龙井旁，拿出弓箭射死了黑龙，随后采下仙草上的芽叶，并用井水浇灌仙草，仙草立即开花结子。志玉采下种子，立即下山。过乱石岗时，她按老爷爷的吩咐，将仙草芽叶的汁水滴在每一块石头上，石头立即变成了人，志刚和志诚也复活了。

兄妹三人回乡后将种子种满山坡。这种仙草便是茶树，于是这一

矗立在云根书院的银针姑娘雕塑

洞宫山中的生态山村

带年年采摘茶树芽叶，晾晒收藏，并广为流传，这便是白毫银针名茶的来历。人们感念志玉姑娘历尽艰辛，为大家采来银针仙草，救活了七山八坳的穷乡亲，所以都亲切地称她为"银针姑娘"。

（三）政和白茶茶树品种

1. 政和大白茶

政和大白茶，简称"政大"。原产政和县铁山，有100余年的栽培历史，主要分布在福建北部、东部茶区。20世纪60年代后，浙江、安徽、江西、湖南、四川、广东等省有引种；1972年，被定为中国茶树良种；1985年，被全国农作物品种审定委员会认定为国家品种，编号GS13005—1985。

政和大白茶是我国著名的无性系良种茶树之一，其幼嫩芽叶是加工红茶的优质原料。其主要特点是：树姿直立，分枝稀疏，芽叶肥壮，茸毛较多；晚生种，发芽迟，顶端生长势强，抗寒性强，扦插成活率高；适制红茶、白茶尤其是"银针类"名茶；种植时，宜适当缩小行距，压低定剪高度，及时打顶养蓬。

茶树植株高大，树高 1.5—2 米，幅宽 1—1.5 米，为小乔木型。分枝少，节间长。嫩枝红褐色，老枝灰白色。大叶种，叶椭圆形，尖端渐尖并突尖，基部稍钝，叶缘略向背，通常 14 厘米×6 厘米，长宽比平均为 2.3。叶面浓绿或黄

东平苏地政和大白茶母树

政和大白茶老丛

绿，具光泽。叶脉明显，7—11 对。锯齿粗而深，29—68 对。叶厚、较脆。一芽二叶长 6.4 厘米，百芽重 50—76 克。花型较大，雄蕊低于雌蕊，盛花期为 11 月中旬，花量多。一般开花不结籽，或仅结少数单粒茶籽，播后亦不易出土，故用无性繁殖。

政和大白茶是政和白茶主要生产原料。

2. 福安大白茶

福安大白茶，又名高岭大白，无性系，小乔木型，大叶类。1985 年，被全国农作物品种审定委员会认定为国家品种，编号 GS13003—1985。原产福安市康厝乡上高山村，主要分布在福建东部、北部茶区。广西、安徽、湖南、湖北、贵州、浙江、江西、江苏、四川等省份有引种栽培。

福安大白茶植株高大，主干明显，树姿半披张。枝条粗壮，分枝较少，节间长。叶片略上斜着生，叶色黄绿油亮，叶内折，锯齿明显，侧脉 8 对。花型较大，结实少。早生种，芽梢生长迅速整齐，芽数较

法国志愿者采福安大白茶

少，芽肥壮，茸毛较多。春茶萌发一般在 3 月上旬，一芽三叶盛期在 4 月上旬。发芽整齐，密度较稀，每亩产量达 191.3—303.0 千克。适制红茶、绿茶和白茶。所制红茶，色泽油润，显毫，香高味浓醇，叶底红亮；所制绿茶，条索肥壮，色泽灰绿，白毫显露，栗香持久，滋味浓鲜，汤色绿而明亮；所制白茶，芽壮显毫，色泽白绿。抗寒、抗旱力较强；适于长江以南红茶区种植，宜在江南红茶、绿茶、白茶产区推广。

3. 福鼎大白茶

福鼎大白茶又名福鼎白毫，属无性系，小乔木型、中叶类、早生种。1985 年被全国农作物品种审定委员会认定为国家品种，即华茶 1 号，是制作白毫银针、白牡丹的高级原料。

4. 水仙

水仙茶树品种的一芽二叶或一芽三叶初展的幼嫩芽梢，传统上多是制作白牡丹的原料。到了育成并引入政和大白茶等大白茶树品种以后，才把水仙白毛茶与其他大白茶树品种采制的白毛茶拼配精制加工为白牡丹。制白茶品质优，色稍黄，茸毛显露，富有香气，是制作政和白茶的高级材料。

5. 政和菜茶（小茶）

政和菜茶系有性群体品种，栽培历史悠久，据史料记载已有 500 多年，以紫色芽、青绿芽品种为主，芽叶细嫩。

6. 福云 6 号

福云 6 号品种由福建省农业科学院茶叶研究所于 1957—1971 年从福鼎大白茶与云南大叶种自然杂交后代中采用单株育种法育成。1985 年，通过福建省农作物品种审定委员会审定；1987 年，通过全国农作物品种审定委员会审定，编号 GS13033—1987。

（四）政和大白茶繁育

政和大白茶最早发现于政和县铁山，其栽培起源有三种说法。

第一种说法：《中国名茶志》记载了政和县铁山村一个"金失为铁"的传说。很久以前，政和县有一座金山，所以山脚下的一村落就起名金山村。村里的百姓以淘金为业。后来贪心的皇帝派人挖走了金山，而且临走还随手把金山村的"金"字边加上了"失"字。"金失为铁"，从此，金山村就变成了铁山村。村里人失去了以淘金谋生的手段，生活苦不堪言。有一天，有位仙翁到铁山村化缘，告诉村民山上有棵摇钱树，若能找到它，铁山村就能摆脱贫困。人们上山却只看到一棵大白茶，于是就把这棵茶树挖回家，精心培育繁殖，并栽遍了铁山村。

第二种说法：光绪五年（1879），东城十余里的铁山乡农民魏春生的院中有一棵野生的茶树，由于墙塌下来把树压倒，无意中压条繁殖，衍生新苗数株，他就将其移植到铁山高崙山头。这个偶然

茶叶拔芽

的事件却创造了"茶树压条法",这在过去科学不发达的年代,是一种很了不起的发明,后来被推广到了全国。

第三种说法:咸丰年间(1851—1861),铁山乡有一个走遍山野看风水的师傅,一日在黄畲山无意发现一丛奇异的树木,摘数叶

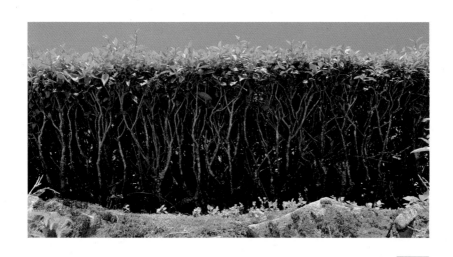

茶树老丛

回家尝试，味道和茶叶相同，就将其压条繁殖，长大后嫩芽肥壮，制成茶叶味道颇香，于是大家争相传植，逐渐推广。

据《政和县志》记载：清咸丰、同治年间（1851—1874）菜茶（小茶）最盛，均制红茶，以销外洋，嗣后逐渐衰落，邑人改植大白茶。

特别是清光绪五年（1879），铁山村发现政和大白茶并大量繁殖推广，勤劳智慧的政和人民利用政和大白茶为原料，制作的各色名茶相继问世，为政和茶叶发展增添了强人的发展后劲。据《茶业通史》记载，清光绪五年，在政和境内发现大白茶树，之后得以大量繁育，以之为原料所制的白毫银针、白牡丹等白茶品质得到大幅提升，产品供不应求且价格不菲。

1949年后，安溪县茶农创造了更为先进的"茶树短穗扦插法"繁育茶苗。1959年，福建省农业厅在政和县建立了大面积大白茶良种繁殖场，采用短穗扦插法繁育政和大白茶，目前种植区域已扩展到多个省市。

（五）政和白茶祭祀

"山中谷雨新茶熟，千枝万叶如云齐。"这是清代政和诗人宋滋兰对春茶开采景象的生动描写。春茶开采乐千家，政和白茶香更浓。

2019年3月31日，政和白茶开采仪式在茶乡酒镇东平镇凤头

政和白茶开采节暨政和白茶祭祀礼在茂盛的茶山上举行

政和白茶茶人宣誓

村中国第一楠木林景区茶山举行，数百名茶界人士以茶为媒、以茶会友，齐聚凤头村茶山。在开采节上举行隆重的祭祀茶神仪式，20多名政和茶人代表集体立誓《不忘初心，坚守品质》：诚信做人，用心做茶；绿色发展，质量至上；共建共享，做强品牌；遵纪守法，合法经营；传承传统，匠心制茶；产业扶贫，助农增收。庄重的承诺响彻东平镇万亩连绵茶山，回音不绝。

主祭魏万能先生诵读《祭茶神文》：

岁在戊戌，春来茶茂；

廿三万众，共庆昭节。

清茗之芬，时馐之美；

敬献茶神，以达至诚。

炎帝神农，首启人文；

伟哉吾祖，功勋煌煌。

尝味百草，遇毒七二；

得茶乃解，救死扶伤。

古郡名邑，宋皇赐名；

乃孕嘉木，甘醇飘香。

朱子过化，文脉悠长；

物产丰饶，茶事兴旺。

鼎建茶城，星水之畔；

地灵人杰，大业共襄。

兹今盛世，茶道薪传；

谒祖开山，集聚能量。

伏祈茶神，佑我安康；

风调雨顺，政通人和。

载歌载舞，俎豆馨香；

奉承而进，伏惟尚飨。

政和茶人向神农敬献祭祀茶饼，参与祭祀的茶人敬献茶枝，祈求风调雨顺、茶叶丰收。

政和白茶祭祀由来已久，是茶道美学之一，有祭祀神农氏、有祭祀政和大白茶母树，祭祀活动丰富多彩。

杨源桃洋飞炉山露天祭祀台

杨源乡桃洋村飞炉山迎仙节祭祀神农氏，每年的农历五月廿五，这一天前来祭祀神农氏的群众络绎不绝，多时上千人。他们在飞炉山露天祭坛跪拜敬茶，烧香祈愿护佑平安、茶茂物丰。

祭茶礼：每年白露时节，茶叶企业或组织专家或集合员工，到自己的茶山上，于旭日初升时举行隆重的祭茶礼，祈愿安康。

福建隆合茶业有限公司每年举办白露茶会，邀请国内外茶业学者、茶文化研究者相聚政和，论茶之初践茶之道。茶会开始前举行隆重祭茶礼，茶山上设置祭台，来宾净手敬香，鞠躬行礼。

白露茶会，国内外来宾论茶之初、践茶之道

　　政和东平白之源茶叶有限公司则在百年大白茶母树开采前设置祭台，举办祭茶礼。界溪岭头自然村集中有 6 株政和大白茶母树，树龄 130 多年，树高 6 米左右，远处望去自成一小树林，树上郁郁葱葱、长满新茶叶。

祭祀政和大白茶（苏地）母树

祭茶礼后，大白茶母树茶叶开采

三

绿妆素裹披白毫

一

行走在政和，徜徉在绿水青山之间，静看山岚流转，政和白茶就在这一方水土里孕育，轻啜白茶，仿佛能感受自然的心跳。

据不完全统计，我国有茶叶 2000 余种，而白茶更是茶类中的特殊珍品。

萎凋是茶叶发生着自然的生化反应过程，萎凋过程形成一系列物质，白茶的药效也在形成。白天，是茶叶走水、失水的时间。夜晚，茶叶吸收空气中的氧、水分子等。一日一夜中，茶叶在自然中一吐一纳，正如人类的呼吸运动，缓缓地与外界物质进行交换，并且在这交换中生成营养物质。

一位资深茶人说过："一个人就像一片茶叶，只有沉下心让自己经历自然萎凋与干燥的过程，才能变得更好。"

（一）政和白茶传统制作工艺

政和白茶原产地政和县位于福建北部，其传统制作工艺融合了当地数千年历史文化、自然地理、民俗风情，具有自然、科学、质朴的特点，且传承久远，又处于革新创制的过程，独具科学艺术魅力。政和白茶传统的制作工艺中"人"是主要因素，即便在机械化十分先进的年代，许多环节都需要人工操作，而且各个环节的时间和程度都得靠人为判断，制茶师的经验和悟性决定茶叶制作的结果。制茶总体应遵循"看茶做茶，看天做茶"的原则，其流程可分为：采摘—萎凋—拣剔—干燥。

1. 白毫银针采摘

一般在每年的 4 月初（清明前后）开采，高档白毫银针只采春茶的头一二轮茶原料制作，三四轮后茶等级次之。有直接在茶树上采摘单芽和采摘一芽一叶或一芽一二叶初展鲜叶再进行抽针两种采摘方法。采摘要熟练、轻快，要求雨天不采、露水未干不采、细瘦芽不采、紫色芽不采、损伤芽不采、虫伤病态芽不采、开心芽不采、空心芽不采。

2. 白牡丹采摘

高级白牡丹采用晴好天气春茶头一二轮茶的一芽一叶或一芽一二叶初展鲜叶为原料。使用"留鱼叶采摘法"进行采摘，采摘同样要熟练、轻快。普通白牡丹采摘一芽二三叶鲜叶为原料。

采摘

3. 萎凋

鲜叶按不同采摘标准严格分开，及时萎凋。正常气候时采用自然萎凋，阴雨天气采用加温萎凋。

（1）开筛

取 0.5 千克左右鲜叶原料置于水筛上，双手持水筛边缘顺时针方向转动（动作要求迅速、轻快，切勿反复筛摇），使鲜叶均匀散开，俗称"开筛"。开筛技术好的一摇即成，且摊叶均匀，摊叶以鲜叶不相互重叠为佳。

（2）自然萎凋

把开筛好的鲜叶放在萎凋架上，置于萎凋室内进行萎凋。萎凋室要求清洁卫生、通风良好、无日光直射，且能控制一定的温湿度。萎凋温度一般控制在 18—27℃，空气相对湿度控

凉青萎凋

制在 65%—80% 为佳。静置萎凋历时 40 小时左右，当萎凋叶水分降至 30% 左右，叶片不贴筛、芽毫发白、叶色转为灰绿或深绿、叶缘微卷、芽尖或嫩梗翘尾、叶态如船底状、嗅无青气时，即用双手持水筛边缘将筛内萎凋叶由外向内收缩至中间（动作轻快，不得筛摇），俗称"收衣"。收衣后继续置于萎凋架上萎凋。当萎凋叶含水量在 20% 左右，即可进行"并筛"操作。

并筛是将 2—4 筛萎凋叶并成一筛，并筛操作时，动作要轻快，将筛中萎凋叶平行移入另一筛中。并筛后把萎凋叶堆成厚度 10—15 厘米的凹状，仍置于萎凋架上继续萎凋。在萎凋历时 56—60 小时，萎凋至九成干（含水率在 10% 左右），即可下筛拣剔、初烘。

（3）加温萎凋

在能控制温湿度，风速流量适当的萎凋室内进行萎凋，加温萎凋温度一般控制在 30℃左右，空气相对湿度控制在 65% 左右，历时

30 小时左右。加温萎凋一般不进行"并筛"操作。含水率在 15% 左右时下筛渥堆转色，渥堆时堆放厚度为 10—15 厘米，渥堆时间视叶色转变情况而定。

4. 初烘

目的是把已形成的品质加以固定，以利于进行下道工序堆放。初烘温度一般控制在 80—90℃，摊叶厚度 2 厘米，时间 10 分钟，烘后毛茶含水率以 8% 左右为宜。

——

烘焙

5. 拣剔

主要是剔除毛茶中的蜡叶、黄片等及非茶类夹杂物。拣剔时动作熟练、轻快，防止芽叶断碎。

——

筛拣

6. 匀堆

按各等级标准要求，把相同花色、品种及品质相符的毛茶进行匀堆。匀堆要轻拿轻放，防止芽叶断碎。

7. 复烘装箱

复烘温度一般控制在 90—100℃，摊叶厚度 2—3 厘米，时间

白茶饼制作

①④
②⑤
③

①装茶　②蒸汽加湿　③压饼　④烘烤　⑤包装

10—15分钟，成品茶含水率在6%。烘后趁热装箱，装箱时应边装边摇，尽量减少断碎。

（二）政和白茶功效与研究

2011年，湖南农业大学教授刘仲华承担了"白茶与健康"的研究项目，多次到政和等地采集政和白茶样品。项目组采用现代先进的仪器分析技术，在对白茶品质与功能成分进行全面系统分析的基础上，构建一系列的动物模型和细胞模型，从化学物质组学、细胞生物学和分子生物学水平上探讨了白茶美容抗衰老、抗炎清火、降脂减肥、调降血糖、调控尿酸、保护肝脏、抵御病毒等保健养生功效及其科学机理。研究发现白茶具有很多功效：美容与抗衰老作用、预防皮肤细胞的光老化、降血脂、降血糖、有效修复过量饮酒引起的酒精性肝损伤、抗炎作用、调理肠胃。

刘仲华通过对1年、6年、18年的白茶同时进行研究发现，随着白茶贮藏年份的延长，陈年白茶在抗炎症、降血糖、修复酒精肝损伤和

采春茶

调理肠胃等功能方面比新产白茶具有更好的效果。

近年来，白茶的"三抗三降"（抗辐射、抗氧化、抗肿瘤、降血压、降血脂、降血糖）功能，受到了广泛的认可。

《福建白茶的基本特性及其药理作用》记载：白茶具有显著的"三抗"功效。茶多酚具有提供质子的分子结构，使其具有很强的还原性，是一种不可多得的天然抗氧化剂和最好的清除自由基的物质。其抗老防衰效应达维生素E的10倍，并有延缓心肌脂褐素生成之功效。白茶中的多酚类含量较高。据茶学家陈椽著作，六大茶类中白牡丹鲜叶的儿茶多酚类总量最高，在制茶过程中其减少的程度仅次于工夫红茶。中国工程院院士陈宗懋等研究表明，茶叶加工成茶饮料后，尽管发生了儿茶素的表异构化，但对抗氧化活性和生物利用性并不会有明显的影响。而且白茶的黄酮类化合物在加工中较好地保留了槲皮素，这是维生素P的重要组成部分，具有明显的降低血管通透性的作用。另据美国癌症研究基金会的研究资料表明，

在隆合茶书院内进行自然萎凋

白茶是一种新的抗肿瘤物质，能不断抑制、缩小肝癌的肿块，提高人体免疫功能；美国佩斯大学的最新研究表明，白茶提取物可抑制葡萄球菌、链球菌等细菌的生长。

在抗病毒方面，根据陈椽等研究表明，茶叶中的茶氨酸含量以不同茶类比较，白牡丹最高，其次为黄石溪毛峰、白毫银针、君山银针、西湖龙井等，而茶氨酸在人体肝脏内分解为乙胺，乙胺又能调动人体血液免疫细胞做出抵御外界侵害的反应，继而由 T 细胞促进干扰素的分泌，形成人体抵御感染的"化学防线"。据美国哈佛大学医学院布科夫斯基实验得出的结论，喝茶能使血液免疫细胞干扰素分泌量提高 5 倍，从而能更大地提高抵御外界侵害的能力。

在抗肿瘤方面，《白茶主要生化成分比较及药理功效研究进展》记载：福建省中医药研究所教授陈玉春等研究表明，白茶能显著提高实验小鼠血清促细胞生成素（EPO）水平，提高幅度是 5% 西洋参的 1.4—1.8 倍。而血清 EPO 对红细胞生成起关键作用。白茶能促进实验小鼠脾淋巴细胞产生克隆刺激因子，增加幅度为 34.5%—152.3%，从而延长细胞寿命、增加 RNA 和蛋白质合成。国外学者盖尔·奥纳等比较了白茶在两种不同肠癌小鼠模型的抗突变活性，在已感染病毒的细胞中，白茶不仅可以抑制 β-连环蛋白和 T 细胞因子 4 蛋白的表达，而且可以控制其目标基因细胞周期因子和转录调节因子。王刚等以西湖龙井茶和云雾绿茶两种绿茶作参照，对白牡丹和白毫银针两种白茶进行了抗突变和体外抗肿瘤效果评价，采用 Ames 实验对绿茶和白茶的抗突变特性进行比较，得出白茶的抗突变效果好于绿茶的结果；通过 MTT 实验验证其抗肿瘤效果，在400 微克 / 毫升浓度处理下，白牡丹和白毫银针对胃癌细胞和结肠癌细胞的生长抑制效果，好于西湖龙井茶和云雾绿茶。因此可知，白茶的抗突变和体外抗肿瘤效果好于绿茶。

（三）政和白茶品鉴

政和白茶是政和大白茶、福安大白茶等适制白茶的青叶经晾晒干燥后的微发酵茶，汤色比绿茶略深，之所以名为白茶，是因为早期制作成现代意义上的白茶的鲜叶原料密披白毫，因毫的白色使得制成的茶色泽泛白，故名。

政和白茶是我国古老、自然的茶品，素为茶中珍品。政和白茶针芽肥壮结实、白毫密布匀整，枝叶鲜活翠张，香气纯、毫香浓、汤色清澈杏黄透明，滋味清鲜醇爽，冲泡后叶张鲜活嫩黄绿、亭亭玉立，赏之怡人，有"白如云、绿如梦、洁如雪、香如兰"之美誉。白如云，指的是白茶干茶上密披着银白色的茶毫毛，就像裹着白云的衣袍。成品白茶芽叶翠绿、嫩黄，色泽自然鲜活得浑然天成，好似大自然般神秘的翡翠梦境。新白茶汤色亮而清澈，滋味纯绵柔和，仿佛白雪般亮洁无瑕、细腻绵柔。白茶冲泡品饮时，萎而不凋的百花之香萦绕鼻息、漫布口腔，如兰斯馨。

1.白毫银针

茶如其名，条形芽茶上披满白色毫毛，洁白纤细似银针，"银

白毫银针条索　　　　　　白毫银针汤色　　　　　　白毫银针叶底

装素裹"，极具美感，素有白茶"美女"之称。

　　干茶：外形肥厚或秀长，白毫密披，毫香显著。

　　茶汤：浅杏黄、清澈明亮，清鲜醇爽，毫味足。

　　叶底：叶底鲜活，嫩匀明亮。

2. 白牡丹

　　白牡丹是用一芽一二叶青叶原料制成的白茶，两叶抱一芽（或一芽一叶），绿叶夹银心，冲泡后绿叶托着嫩芽，宛如牡丹蓓蕾初放，恬淡高雅，故得白牡丹之美名。

　　干茶：芽叶连枝，芽毫显露，叶色灰绿。

　　茶汤：浅黄、清澈明亮，清甜醇厚。

　　叶底：叶底嫩或黄亮均匀。

白牡丹条索　　　　　　　　白牡丹汤色　　　　　　　　白牡丹叶底

老白茶（白牡丹）条索　　老白茶（白牡丹）汤色　　老白茶（白牡丹）叶底

3. 贡眉

　　贡眉是用菜茶的一芽二三叶青叶制成的白茶，灰白淡绿夹黄红，芽叶夹梗，老嫩融合，兼采两者的优点。高级贡眉微显银白，叶色翠绿鲜艳，滋味醇和，汤色橙黄清澈。

干茶：叶卷有毫心，干色灰绿夹黄。

茶汤：橙黄明亮，浓厚甜爽。

叶底：叶张黄褐，质嫩软亮。

4. 寿眉

寿眉是用一芽二三叶青叶原料制成的白茶，原料相较来说较为粗老，白芽、绿叶、红梗的粗犷外观，似刚柔并济的气概。粗放原料的寿眉适于陈化。

干茶：叶张卷曲，干色黄绿、绿褐。

茶汤：深黄清亮，浓厚尚爽。

叶底：叶底匀亮，嫩黄绿色。

（四）政和白茶茶艺

政和白茶主要茶艺冲泡方式有玻璃杯泡法（撮泡法）和盖碗泡法。

1. 玻璃杯茶艺

政和白茶玻璃杯茶艺冲泡流程主要有：备具—赏茶—洁具—投茶—冲泡—奉茶。

茶席

备具：准备玻璃杯、茶则、随手泡、水盂等茶具。

赏茶：用茶匙轻轻拨取适量茶叶入茶则，供鉴赏干茶外形、色泽，闻干茶香气。

洁具：将玻璃杯一字摆开，从左往右依次倒入适量开水，右手捏杯身，左手托杯底，轻轻旋转杯身后倒入水盂。

投茶：白茶投茶量的标准为5克，也可依个人口感而定。用茶匙将茶则中茶叶一一拨入玻璃杯中待泡。

冲泡：以"凤凰三点头"茶艺手法向玻璃杯内高冲注水（水七成满，水温95℃左右），使茶叶上下翻滚。"凤凰三点头"，就是以手提水壶高冲低斟，反复三次，其寓意就是向观赏者三鞠躬，表示欢迎。

奉茶：右手轻握杯身，左手托杯底，双手将茶送到客人面前方便取饮的位置。茶放好后，向客人伸出右手，行伸掌礼，做出"请"的手势，或说"请品茶"。

2.盖碗茶艺

政和白茶盖碗茶艺冲泡流程主要有：备具—赏茶—温器—投茶—醒茶—冲泡—分茶。

备具：准备盖碗、茶则、品茗杯、随手泡、水盂等茶具。

———
温器

赏茶：用茶匙轻轻拨取适量茶叶入茶则，供鉴赏干茶外形、色泽，闻干茶香气。

温器：开水冲洗盖碗后倒入公道杯，再用公道杯中水温洗品茗杯。温杯的作用在于提高杯具的温度。

投茶：白茶投茶量的标准为 5 克，也可依个人口感而定。盖碗温洗后，置入干茶，轻轻摇晃盖碗，闻温杯后的干茶香。

———
投茶

醒茶：冲入少量开水，水的温度保持在90—95℃，让杯中的白茶先受热吸水湿润，形成叶片舒展的萌动形态，让茶与水充分融合。

冲泡：醒茶后盖碗中继续注入适宜温度热水，根据实际情况适当坐杯后出汤倒入公道杯中。茶水比例1 : 30，冲泡温度在90—

95℃，细水柱沿盖碗杯壁环绕一圈后高冲（芭蕾舞似的旋转法）。前5泡坐杯10—15秒，待汤色呈现浅杏黄色，保证茶汤鲜爽回甘，之后几泡5秒递增，可依个人口感延长坐杯时间。

——
冲泡

分茶：公道杯中的茶水分给各品茗杯，品茗杯中斟茶七分满，暗寓"七分茶三分情"之意。分好茶后，将手斜伸在所敬奉的物品旁边，四指自然并拢，虎口稍分开，手掌略向内凹，做出"请"的手势，或说"请品茶"。行伸掌礼同时应欠身点头微笑，讲究一气呵成。

（五）政和白茶"七汤点茶"

把茶瓶里烧好的水注入盛有茶末的茶盏中，古人称之为"点茶"，是唐宋时兴起的一种沏茶方法。

点茶的意趣，在于一个"点"字。茶艺师先用瓶煎水，并将研细的茶末放入茶盏，陆续注入沸水，将茶末调成浓膏状，而后执壶往茶盏有节奏地点水，落水点要准，不能破坏茶面。与此同时，点

政和白茶传承人颜隆瑞在点茶　　　　翠竹　　　　　　　　　　莲蓬

茶人还要用另一只手执茶筅，旋转打击和拂动茶盏中的茶汤，使之泛起汤花，称之为"运筅"或"击拂"。

在宋赵佶的《大观茶论》第十一章和十五章中，介绍了点茶和点茶用具茶筅。

茶筅，以竹丝结成束，形状像扫帚，用来调拂茶汤。茶筅要用苍劲年壮的竹子做成。茶筅的干要厚重，竹束要疏朗有劲。竹束的根部要壮实而末梢一定要细，竹束应当像剑身的样子。茶筅的干厚重，握着就好用力而且运转自如。竹束疏朗有劲像剑锋，那么搅拌击拂茶汤时，即使用力过猛也不会产生浮沫。

点茶首先要往茶盏中的茶末加少许的水，搅动调成像溶胶一样的茶膏，片刻之后注入沸水，用筅搅拌。如果手重筅轻，茶汤中没有出现粟纹、蟹眼形状的汤花，这叫做"静面点"。其原因大概是击拂不用力，茶不能立即生发，沸水和茶膏还没有融合，又要再增添沸水，这样，茶的色泽还没有完全焕发出来，茶末的英华层层散开，茶就不能及时泡开了。有的随着沸水注入，不断地击拂茶汤，手、筅都用力较重，这时茶面上漂浮着立纹，这叫做"一发点"。其原因大概是沸水调得太久，指腕搅动不够娴熟连贯，茶面不能像粥面一样凝结而有光泽，而茶的力道已完全散尽，茶面虽然泛起了云雾，但容易生出水脚。

近年来，随着政和白茶的发展，政和白茶"七汤点茶"在传承和弘扬的路上，越来越受到人们的青睐。

政和白茶"七汤点茶"程序如下。

一汤：量茶受汤，调如乳胶；

二汤：色泽渐开，珠玑磊落；

三汤：渐贵轻匀，粟纹蟹眼；

四汤：既已焕发，云雾渐生；

五汤：结浚霭，结凝雪，茶色尽矣；

六汤：乳雾汹涌，盈盏欲溢；

七汤：周回旋而不动，谓之咬盏。

政和白茶"七汤点茶"要点如下。

第一次，环绕茶盏的边沿往里加水，不让沸水直冲茶末。要使注入的沸水力势不太猛，就要用筅先搅动茶膏，再渐渐加力击拂。手的动作轻，筅的力度重，手指绕着手腕旋转，将茶汤上下搅拌透彻，就像发酵的酵母在面上慢慢发起一样。汤花有的像稀疏的星星，有的像皎洁的圆月，光彩灿烂地从茶面上生发出来。这时点茶的功夫已到位了。

第二次，沸水要从茶面上注入，先要绕茶面注入细线一样的一圈，接着一边急速注水急速提瓶，而茶面纹丝不动，一边用力击拂，

① 匀入少许茶末　② 量茶受汤，调如乳胶　③ 渐贵轻匀，粟纹蟹眼

④ 用下汤运匕在茶汤表面幻变形成图案

```
① ③
② ④
```

茶的色泽渐渐舒展开，茶面上泛起错落有致的珠玑似的汤花。

　　第三次，注水要多，像先前那样击拂，击拂要轻而均匀，围绕着盏心，顺着同一个圆环回旋反复击拂，直到盏里的茶汤里外透明，粟纹、蟹眼似的汤花泛起凝结，错落地生起，这时茶的色泽已十得六七了。

　　第四次，注水要少，筅搅动的幅度要宽，速度要慢，这时茶的清真华彩已焕发出来，云雾渐渐从茶面生起。

第五次，注水可以稍微不受约束，筅要搅得轻微、均匀、透彻。如果茶还没有完全生发，就用力击拂使它生发出来；如果已经生发，就用筅轻轻拂动使茶面收敛凝聚。如果茶面上结成云雾，结成雪花，这时茶色已全部呈现出来。

第六次，注水时要看茶的立作状态。如果茶面上乳点突出凝结，只要用筅缓慢地环绕茶面拂动即可。

第十次，注水时要分辨茶的轻重清浊，观察茶汤稀稠是否适中，适中即可停止。这时茶面上细乳如云雾汹涌，好像要溢出茶盏腾起，在盏的周围回旋不动，叫做"咬盏"。这时，应当把浮在茶面上轻灵、清新的乳沫分给大家品尝。《桐君录》中说，茶的上面有一层浓厚浮沫，喝了它对人的身体特别有益，即使多喝也不过量。

在这个过程中，喝茶本身仿佛已不重要，重要的是喝茶的形式。唐代诗人卢全诗云：碧云引风吹不断，白花浮光凝碗面。洋溢着对点茶的喜爱之情。

（六）政和白茶储存

对于白茶，有"一年茶，三年药，七年宝"之说。白茶存放过程中，其内含物发生着变化，对品质有很大的影响。白茶的合理存放过程也可以视为白茶加工的延续，其贮存的环境条件十分重要。引起茶

老白茶

叶质变的主要因素有水分、温度、氧、光等方面，所以白茶的存放要着重考究这些因子。茶叶从加工后，到饮用前的贮存中，应严格控制存放环境的条件。

1. 茶仓的基本要求

茶叶仓库要防潮、避光、隔热、防污染，库房周围无异味，地势高、气候或环境干燥，排水方便，既通风散热方便，又可密闭遮光，仓库内温度不超过 30℃，空气相对湿度应控制在 20% 以下，要专库专用，不得混装其他货物。

2. 防潮要求

茶叶易受潮吸湿而变质，在存储过程对环境的干燥程度要求较高。首先，贮存的茶叶含水量要符合储藏的标准，从科学的角度要求茶叶含水量应在6%以下，才能保持茶不变质。超过6%就容易返青。其次，在阴雨天气，库房外面高湿、高温的情况下，不得进货取货，库房的门窗要封闭，使仓库保持阴凉、干燥的环境。

3. 避光要求

光线直接照射，会使茶叶中的叶绿素等化学成分分解氧化而变色，并出现"日晒味"，降低茶叶的品质。即使在低温及无氧条件下保鲜的茶叶，一旦受到强光照射，仍会使茶叶色泽劣变。所以，要求茶叶从加工后到饮用前都要避光。

4. 隔热要求

高温会使茶叶的内含物质氧化加快，促使茶叶"陈化"加快。所以在夏季高温期间，要尽量保持仓库里的气温不超过30℃，还要采用既能隔热又能密封的容器贮存茶叶，在这样的环境中储藏的茶叶，就能避开高温对质量的影响。

5. 防污染要求

茶叶由于含有棕榈酸并且具有较多毛细孔，所以具有很强的吸附性，很容易把周围的异味吸收到茶叶中。在储藏保管时就要特别注意，不能与其他商品，特别是有味的商品存放在一起，更不能用有味的包装材料包装茶叶，不能用不卫生的车辆运送茶叶。茶叶仓库、茶叶加工厂、茶叶商店都要避开有味有毒气体。

6. 包装物要求

在古代，白茶一般以布袋、陶瓷罐、木箱储存，现代为了运输方便和销售的需要，多用塑料复合薄膜作为内包装，以木箱、纸箱作为外包装。复合薄膜质轻、不易破损、热封性好、价格适宜，同时具有优良的阻气性、防潮性、保香性、防异味等优点，在包装上被广泛应用。用于茶叶包装的复合薄膜有很多种，如防潮玻璃纸、聚乙烯纸、铝箔等。由于多数塑料薄膜均具有80%—90%的光线透射率，可在包装材料中加入阻碍紫外线透射材料或者通过印刷、着色来减少光线透射率。另外，可采用以铝箔或真空镀铝膜为基础材料的复合材料进行遮光包装。复合薄膜袋包装形式多样，有三面封口形、自立袋形、折叠形等。由于复合薄膜袋具有良好的印刷性，用其做销售包装设计，对吸引顾客、促进茶叶销售更具有独特的效果。

铁罐包装

四

甘香一味未忘情

—

唐陆羽《茶经》开篇云："茶者，南方之嘉木也。"茶，兴于唐，盛于宋，名仕皆爱饮茶。

唐朝诗人白居易爱酒亦爱茶，他说："春风小槛三升酒，寒食深炉一碗茶。"在他眼中，茶酒就像姐妹一样，是一家人。

唐朝诗人刘禹锡说："何处人间似仙境，春山携妓采茶时。"在他眼里，春天的茶山风貌便如仙境一般。

宋朝诗人苏轼说："戏作小诗君一笑，从来佳茗似佳人。"在他眼里，茶和美人一样讨人怜爱。

而宋著名的书法家蔡襄一生爱茶，如痴如醉。在他老年得病后，郎中就让他把茶戒了，说不戒茶的话，病情会加重。对此，蔡襄无可奈何，只得听从郎中的忠告。此时的蔡襄虽不能再饮茶，但他每日仍烹茶玩耍，甚至是茶不离手。蔡襄对于茶的迷恋，正所谓："衰病万缘皆绝虑，甘香一味未忘情。"

（一）"茶仙"朱熹与政和

千载儒释道，万古山水茶。

朱熹是一位嗜茶爱茶之人。他自幼在茶乡长大，对茶十分熟悉。后又当过茶官，任提举浙东常平茶盐公事，更与茶结下了不解之缘。他曾写《劝农文》，提倡广种茶树。他自己也是身体力行，躬耕茶事，把种茶、采茶当作是讲学、做学问之余的休闲修身之举。

朱熹是我国历史上继孔子之后具有世界影响的杰出思想家、哲学家和教育家，在世界文化史上占有重要的地位，并被视为东方文化的象征之一。1118年，朱熹父亲朱松任政和县尉，举家迁移到群山逶迤千年不老的闽北古城。

政和是朱氏家族入闽的第一站，政和白茶是朱熹闻到的第一缕茶香。

朱熹，祖籍江西婺源，字号元晦、仲晦、晦庵、云台子等。朱熹一生70年，大部分时间都在闽北度过，他与闽北的关系概括为20个字：孕于政和、生于尤溪、长于建瓯、学于武夷、老于建阳。

朱熹一生爱茶，嗜茶而戒酒，晚年自称"茶仙"。

山是茶的母亲，水是茶之精灵。

"物之甘者，吃过必酸；苦者，吃过却甘。茶本苦物，吃过却甘。如始于忧勤，终于逸乐，

朱子画像

云根书院朱熹塑像

66

理而后和。盖理天下之至严，行之各得其分，则至和。"政和的山水，让朱熹拨开云雾，以茶悟道，以茶悟儒。

古田县蓝田书院附近有口水池，水池石壁上有朱熹亲书的"引月"二字，其落款即为"茶仙"，这是朱熹的最后一个笔名。

悠悠茶香，伴随着朱熹一生。

（二）张天福偏爱政和白茶

2013 年 5 月 30 日，政和茶叶历史上重要的一天。这天，已经104 岁高龄的茶界泰斗张天福再次踏上政和的土地，并深入茶叶企业考察。

政和，是张老最牵挂的地方。从20世纪40年代开始，他与政和茶叶结缘，政和白茶的茶香，伴随他走过风风雨雨的岁月。这几十年里，他多次到政和指导茶叶生产。

百岁老茶人张天福向政和县赠送水平测坡仪

政和一代又一代茶叶人，都把张天福当作知心朋友。张老最早结缘政和茶叶，该是从1940年他在崇安（今武夷山）筹建创办"福建示范茶厂"开始。

张天福20岁入金陵大学农学专业学习，1932年毕业以后，一直从事茶叶教育、生产、科研和茶文化传播工作。1935年，张天福奉命创办了福建第一所专门培养茶叶职业技术人才的农校，同时创办福建省建设厅福安茶业改良场；1940年筹建创办福建示范茶厂，特别下设了政和制茶所，由陈椽担任制茶所主任。

从崇安到政和，蜿蜒的山路，阻挡不了一个茶叶人的步伐。

由于战事紧张，政和制茶所一度关闭。新中国成立后，张天福就开始筹划政和茶叶生产，指派毕业于福建协和大学、担任过省立福安高级农业学校校长的李润梅到政和，筹建政和茶厂，并担任技术员。经过几个月的筹备，于1951年春政和恢复了茶叶生产。据第一批进入茶厂工作的张阿觅说，李润梅技术很好，大家都不太懂茶叶，都是李润梅指导大家做的茶叶。

1953 年春茶生产季节，张天福陪同时任农业厅副厅长谢毕真到政和考察茶叶生产。他们先坐船从松溪溯流而上，在西津下船。时已半夜，两个人就在不远处的一个小庙席地而睡，第二天天一亮，他们又启程步行 20 千米，中午才赶到政和。

到政和后，张天福和谢毕真马不停蹄到茶厂，了解和指导茶叶生产，与技术人员一起同吃同住。夜深人静，张天福与李润梅促膝而谈，从茶叶到人生，发端凝结下了几十年的深厚友谊。

李润梅没有辜负张天福的厚望，几十年米他扎根政和，认真把握着茶叶质量。他还深入茶区指导生产、传授技术，挖掘恢复曾蜚声国际市场"政和工夫"红茶。20 世纪 70 年代，李润梅竭力振兴失传的政和"白牡丹"传统工艺技术，产品扬名香港。

其间，张天福也多次到政和看望李润梅。如今，李润梅和张老都已去世，但是因茶结缘的两位茶人，如悠悠茶香，弥漫在政和人民心中。

——
张天福赞政和白茶"政和白牡丹名茶，形色香味独珍"

（三）陈椽曾兼任政和制茶所主任

很多世纪茶人关注、关爱政和茶，尤其陈椽先生与政和茶结缘最早、最深。

陈椽，又名陈愧三，1908年3月8日出生于福建省惠安县崇武镇，26岁从国立北平大学农学院毕业后即投身茶业，成为一代茶学宗师。

陈椽是茶学家、茶业教育家、制茶专家，我国近代高等茶学教育事业的创始人之一，先生著作等身。

——
陈椽

陈椽与政和茶叶有一段不同寻常的缘分。后来，他在《茶业通史》的多个章节述及政和茶及茶人。

1940年3月，陈椽任福建示范茶厂技师兼政和制茶所主任，他在《我与政和茶叶二三事》中回忆道："于1940年3月，偕浙江茶叶检验处旧同事宋雪波技术员同行。从崇安乘车到建瓯，再搭小船逆水行驶，经过三天三夜才到西津码头。从西津到城关还有四十多里，溪流更狭窄，只好行路。"陈椽到政和后请老茶商范列五为顾问，租赁商会会长李翰飞三落大屋为制茶所办公室、车间兼住房。落脚安定后，陈椽组织收购加工毛茶外销，收购遂应场和浙江庆元县隆宫乡张天村红毛茶，经制茶所统一加工为成品茶，水路运到建瓯再转车运到福州出口。陈椽改进了茶叶分筛技术和拣茶设备，在生产中，对工夫红茶、白牡丹、白毫银针、白毫莲心进行技术测定，根据测定结果写出论文《政和白毛猴之采制及分类商榷》，白毛猴即白毫莲心的俗称，属绿茶类。陈椽先生根据技术测定结果，认为白毛猴应当分为青茶类。此外，他还写了《政和白茶制法及改进意见》。

陈椽在政和期间对政和茶业进行了全面的调查，了解风俗人情和古今茶事，写了《福建政和之茶叶》和《政和茶叶》万字调查报告，分别发表在《安徽茶讯》和《万川通讯》上。

1972年，陈椽到松溪郑墩协助安装蒸青绿茶机器。任务完成后，即到政和县城拜访在茶业局和政和茶厂工作的故旧，并随访位于城郊的稻香茶场。当时，稻香茶场茶园管理采取的措施是：每条茶行下开浅沟，防水土流失，冬天以沟中肥土覆盖茶丛根部，保护茶树过冬。陈椽认为这是最好的技术措施，鼓励技术员坚持这样的管理。陈椽离开政和后，不时关注政和茶叶生产。1974年，他在《福建日报》上看到稻香茶场茶粮双丰收的报道，非常高兴。他在回忆中写道："说话有人听，人民获益不少，深感不辜负此行辛劳，快哉！"

《中国农业百科全书·茶业卷》曾列出"二十世纪中国十大茶学家"，陈椽便是其中之一。

（四）吴觉农后人最欣赏白牡丹

当代茶圣吴觉农

美籍华人、当代茶圣吴觉农之孙女吴宁2010年回中国，很想买一些福鼎和政和的白茶做个比较，进一步了解它们的特性。谁知在北京、上海和杭州的茶市上，她却只能买到福鼎的白毫银针和白牡丹。有心去政和问茶，可惜在 5 月里，因福建东北部发洪水错过了机会。后来她在福州巧遇到了政和的茶人周晓雪。周晓雪祖籍浙江，已是政和的第二代茶人了。从周晓雪那里，吴宁带回了一些 2008 年的政和银针和 2009 年的白牡丹。周晓雪告诉吴宁，政和的白茶大概在北京、上海也有销售店，只是没有如福鼎白茶那样进行宣传，不为人所知，所以不容易找到。吴宁问："为什么县政府不像福鼎那样大张旗鼓地宣传政和白茶呢？"她说："到今天为止，政和在福建还是一个贫困县，没有人力财力来做大规模的宣传吧。"

吴宁在文章中写道：

至今没有去过政和，很难比较福鼎和政和的白茶制造工艺。在《中国茶经》一书中，茶叶专家庄任先生曾对福鼎和政和的白茶做过详细和准确的描述。根据庄先生讲，福鼎与政和的白毫银针的制造工艺基本相似：萎凋—烘焙—筛拣—复火—装箱，但福鼎的制法多用文火焙干，而政和的做法是几乎不烘焙，全靠自然萎凋，先在通风阴处萎凋至七八成干，再放到烈日下全部晒干，在装箱前以文火再烘焙10多分钟，趁热装箱。政和白牡丹的烘焙时间比银针要长，它的自然萎凋期也比银针要长。

物以稀为贵，从晓雪那里带回来的政和白茶少，所以每泡一杯都很珍惜。与福鼎的银针相比较，政和的银针萎凋要重些。虽不如福鼎的银针显毫，但香气高，更耐泡，滋味醇厚而浓郁。政和的白牡丹真是名不虚传，一定是经过了精心挑选，叶态匀齐自然，形似花朵。冲泡之后，两片初展的绿叶托着毫心，如在水中开放的白牡丹，沉浮飘荡，错落有致。汤色清朗，

汤色
Tangse

茶香清扬 水含香好
带嫩香 花香以及蔗糖的
甜香 茶汤柔和绵顺
两颊与唇角持续生津
回甘快速有劲

政和有机白茶白牡丹的汤色

滋味清醇，真是色香味俱全。想起晓雪所说的"政和是个贫困县，而70%以上的农户都种茶制茶"，我不禁自问：守着这样出类拔萃的白茶，政和怎么会贫困呢？……

我没有做过政和白茶的价格调查，但从淘宝网上和两位卖政和白茶的杭州朋友那里了解到政和的白毫银针和白牡丹与福鼎相当，并不因为它的自然萎凋的周期长而更高价。我想，政和的白毫银针与阿萨姆的白毫银针很接近，在北美卖的价格高，数量少，若有能力可以打出政和的品牌，又有足够的数量，怎么不可以取而代之阿萨姆的银针呢？若暂时没有能力打出自己的品牌，至少可以更多地出口到北美，因为白毫银针这个品名已经打出来了。至于我最欣赏的政和白牡丹，且不论它在中国市场的发展前景，它的形香色味在北美都应该是受欢迎的。除了清饮，还可以做拼茶，不知是不是近几年才兴起的饮茶法，在北美，特别是在年轻人中，很多人喜欢用水果、核桃一类的干果和香花草拼茶，尤其喜欢拼福建的白茶。特级的政和银针和白牡丹拼到里面去是可惜了，但级别低一点的白茶是能用来做拼茶的。

对政和的茶情不甚了解，这里写的都是纸上谈兵，但如果说我对福鼎白茶在国内推广之迅速之普及极为钦佩的话，这一篇里我想对政和白茶说的是：I am rooting for you（我深深地眷恋着你）。

（五）陈宗懋关爱政和白茶

2016年5月11日下午，陈宗懋、魏复盛、庞国芳等三位中国工程院院士，以及陈雪芳、王春玲、常巧英、张健等四位茶叶专家，踏上了政和这块有着上千年茶文化的土地，不辞辛苦上山考察茶园基地，深入茶企了解生产情况，召开座谈会和政和茶叶企业家们交流互

陈宗懋（右一）和杨江帆（左一）在政和茶基地查看茶叶长势

动，为政和白茶发展献计献策，给政和的茶叶发展送来了一阵春风。

陈宗懋，曾任中国农业科学院茶叶研究所所长、中国茶叶学会理事长，现任中国农业科学院茶叶研究所研究员、博士生导师、中国茶叶学会名誉理事长和国际茶叶协会副主席。

84岁高龄的陈宗懋院士不顾年老，戴着草帽，顶着烈日，踩着泥泞的山路，爬上了生态茶叶基地，站在茶垄之间，俯身观看新绿的茶叶，忍不住采撷一枚嫩芽，放到鼻子边闻了闻。"这里的茶叶都是什么季节采摘的？""这里的茶园产量如何？""这茶的品质如何？"……

作为中国资深的茶院士，青山绿水间赏茶是一件乐事，茶味飘香的生产车间了解工艺也是一件快事。陈宗懋院士驱车前往瑞茗茶企，向白茶制作技艺传承人余步贵了解白茶工艺。

在白茶生产车间门口，陈院士主动从门口的鞋柜上拿来了一次性鞋套，坐在旁边的凳子上套好鞋套，才肯走进车间。相随人员看在眼里，放在心上，一一套好鞋套跟随而入。

在萎凋车间，竹匾整齐地码在了铁架上，上面匀称地散满了茶叶，陈宗懋院士驻足观看，拈了几片茶叶闻闻，"这是自然萎凋工艺。"

在隆合茶企，陈宗懋院士观看了茶企环境，品茗，感受茶文化，兴

陈宗懋（右）在政和茶企调研

之所至，给隆合题茶词"政和白牡丹色香味俱佳"。

（六）古代政和茶诗、茶歌

茶的优美境界与文人情感融合，成就古今美文。传世茶诗中，我们读出了古代政和茶叶的种植、生产、贸易、品饮，以及人生哲理。

董邦则求茶轩诗次韵

宋·朱松

一轩新筑敞柴荆，北苑尘飞客思清。

更买樵青娱晚景，便应卢老是前生。

千门北阙梦不到，一卷玉杯心自明。

冷看田侯堂上客，醉中谈笑起相烹。

茶山夕照，如诗如画

元声许茶绝句督之

宋·朱松

凤山一震卷春回，想见香芽几焙开。

未办倩君持券买，故应须我着诗催。

谢人寄茶

宋·朱松

寄我新诗锦绣端，解包更得凤山团。

分无心赏陪颠陆，只有家风似懒残。

答卓民表送茶

宋·朱松

搅云飞雪一番新，谁念幽人尚食陈。

仿佛三生玉川子，破除千饼建溪春。

唤回窈窈清都梦，洗尽蓬蓬渴肺尘。

便欲乘风度芹水，却悲狡狯得君嗔。

白云精舍

明·郭斯垕

几度登临眼豁然，精庐廻结白云边。

暝临天际千山雨，晴见人间万井烟。

稚子烹茶敲石火，林僧剖竹引岩泉。

吟余拂袖下山去，回首华栏在半天。

畲族对茶歌

咏茶

清·蒋周南

丛丛佳茗被岩阿，红雨抽芽簇实柯；

谁信芳根枯北苑？别饶灵草产东和。

上春分焙工微拙，小市盈筐贩去多；

列肆武夷山下卖，楚材晋用怅如何。

种茶曲

清·宋滋兰

　　茶无花，香满家，家无田，钱万千；山农种茶山之巅，

长镵短褐锄云烟。今年辟山南，明年辟山北，一年茶种一

年多，绣陌鳞塍长荆棘；塍陌年年要沃土，客土山崩怨

春雨。呜呜有鸟山上啼，飞去飞来诉茶苦，茶苦茶甘两

龙舞茶山，物阜年丰

不知，新茶种后雨丝丝；焚香默向山神祝，但愿明年茶叶齐，明年茶叶如山积，山下肥禾去一石。

采茶曲
清·宋滋兰

南山高，北山低，山人上山如上梯。山中谷雨新茶熟，千枝万叶如云齐。新山茶比旧山好，上山采茶争及早。春风苦恨不开晴，只恐栖枝茶色老。

朝采茶，暮采茶，携篮挈榼并男妇，山前山后无闲家。万绿丛中影凌乱，一叶一摘肠堪断。山头终日竹鸡声，催人采得三斤半。采茶何如去采桑？采桑不似采茶忙。采茶只备他人饮，采桑能博自家裳。

拣茶曲
清·宋滋兰

茶叶香，茶梗苦，万贯腰缠来大贾。大贾买茶茶市开，谁家姐妹拣茶来。燕占莺团地无隙，分领春山香一堆。细拨轻挥不停指，双目撩香照秋水。日午腰痛欲欠伸，兜怀弄梗仍无几。

茶苦梗，妾苦心，拣就黄梗似黄金。低头用尽闺中力，弹指君听厢外音。梗多梗少谁轻重，权衡暗识郎情用。归去余香尚恋家，明朝来插钗头凤。裙布钗荆不拣茶，安贫却羡野人家。

坐落于城西塔山、镌刻茶诗的乾清坤宁宝塔

采茶

清·宋滋蓍

明珠不救饥，美玉不救寒；如何采茶户，所顾在眼前。谷雨雷起蛰，旗枪满空山；男子摘朝露，女子寻夕烟。粗叶持作饼，嫩叶持作团；茶灶复茶磨，色香味俱全。贾胡从西来，艨艟遥相连；载彼阿芙蓉，酬我三春勤。岂知农事废，处处有荒田。

见采茶者占

清·宋滋蓍

春风采遍雨前茶，素手纤纤两鬓斜；

日夕空机倚东壁，更无人与间桑麻。

十二月摘茶歌

正月摘茶是新年，借道经过见茶园，

摘得茶来十二用，当场协议两交钱。

二月摘茶茶发芽，手扶茶树摘新茶，

左手摘茶摘四两，右手摘茶摘半斤。

三月摘茶茶叶青，阿妹房中绣花巾，

双边绣出茶花树，中间绣个摘茶姑。

四月摘茶茶叶黄，阿妹房中见情郎，

见得情郎茶又在，摘得茶来秧又长。

五月摘茶茶叶旺，茶叶底下有蛇龙，

多买香纸拜土地，山神土地保平安。

六月摘茶热洋洋，多插翠柳少栽桑，
桑树栽来没有用，柳树生来好歇凉。
七月摘茶秋风起，阿妹房里织腰机，
织得腰机三五匹，留来明年好做衣。
八月摘茶桂花香，风吹桂花满山飘，
阿姐出来问阿妹，新茶老茶哪样香？
九月摘茶九月九，家家户户过重阳，
男人喝起重阳酒，女人去见菊花黄。
十月摘茶是立冬，十家茶行九家空，
茶篓放在阁楼上，扁担放在妹房中。
十一月卖茶雪花起，山上雪花送寒衣，
阿妹房里烤得火，阿哥外头受苦欺。
十二月卖茶又一年，收拾包袱收茶钱，
上街茶钱都收来，下街茶钱等明年。

拣茶歌

正月拣茶是新年，茶行老板收茶钱，
往年收钱三五百，今年收钱三五千。
二月拣茶茶发芽，拣茶阿妹绣花鞋，
日间绣双脚上穿，暗暝绣双去拣茶。
三月拣茶三月三，拣茶阿妹挑后生，
十七十八都挑过，二十一二正中庄。
四月拣茶茶叶甜，拣茶阿妹入茶行，
双手放在茶筛上，斜眼见郎勿拣茶，

斜眼见郎郎不知，茶娘骂郎是死尸。

五月拣茶是节边，菖蒲大艾挂两边，

别人大小包粽子，我没大小做麻糍，

粽子好吃腹里黄，麻糍好吃豆碎香。

六月拣茶大小暑，拣得阿妹流汗珠，

日间流汗犹则可，暗暝流汗受蚊欺。

七月拣茶七月半，拣茶阿妹没划算，

日间划算犹则可，暗暝划算到天光。

八月拣茶是中秋，拣茶阿妹命没修，

结认兄弟三五个，没个兄弟送中秋。

九月拣茶是重阳，拣茶阿妹好思量，

白日思量多拣茶，暗暝思量做新娘。

十月拣茶是立冬，十家茶行九家空，

结算工钱交爹妈，收拾衣裳回家乡。

五

千年传承存臻品

一

"宣和殿里春风好，喜动天颜是玉腴。"宋徽宗皇帝喝了政和白茶龙颜大悦，将年号赐给政和做县名。

千年的历史承载千年的文化，从宋徽宗开始政和白茶就备受推崇，政和白茶的生产和传承从未间断，"政和白茶，中国味道"的馨香，更是飘溢全国，甚至欧美和东南亚。

政和白茶制作技艺也入选福建省非物质文化遗产名录，政和白茶人，一代一代历经千年，传承着政和的魂脉，守望着温馨的家园。

（一）龙焙贡茶遗址

近年，政和县发现一本澄源宋氏收藏的家谱《杂事记》。这本薄薄的家谱，内容非常丰富，详细记载了从东汉宋氏祖入闽政和，到宋建炎庚戌年（1130）撰写《杂事记》时的千余年间宋氏祖迁移、置业、

宋代倡制政和白茶的坑塘焙，是政和通往闽东官道必经之所

繁衍等活动，其中对中唐、晚唐、五代政和茶叶繁荣和生产也有记载，这对于政和茶叶发展历史是一个很好的补充。宋氏不仅种植茶叶，

有些人还开始焙制干茶，销往各地，宋灼就是其中佼佼者，他的茶焙被指定为龙焙，专制上好茶叶进贡皇帝。

宋焌、宋灼兄弟倡制龙焙贡茶遗址，即坑塘焙，位于镇前镇一个叫"茶坑"的地方。

"茶坑"距离镇前湘源很近。《政和政区大典》湘源村词条这样记载：张姓迁入（刘源）后繁衍较快，欲改刘源为张源而引发两姓纷争，后经协调遂取"相互帮助"之意，且村边有3条小溪交汇，故取"湘源"为村名。

时张谨后裔张姓族人在湘源种植茶叶，茶产量逐年增加。湘源的茶叶品质好，产量高，宋焌、宋灼兄弟寻着茶

坑塘焙遗址石刻

宋淳熙年间政和县令袁采《龙焙试茶》石刻

坑塘焙"龙涎凤液"石刻

香迁居于此，为生产龙焙贡茶找到了优质茶园。

《杂事记》记述的史实是：政和人宋灼依托政和湘源一带优质茶叶生产龙焙贡茶。北宋时期正是我国茶叶生产蓬勃发展之时，宋子安在《东溪试茶录》记载，时有"官私之焙千三百三十有六"，而"官焙三十二"。宋灼的龙焙即为官焙，在三十二焙之列。

———
留香亭

政和茶叶发端中唐，至宋、明蓬勃发展。明朝永乐三年（1405），县令黄裳、典史郭斯垕编纂的首部《政和县志》有许多关于政和茶叶的记载："后阅西里《宋氏杂事记》，则有云后周显德己未六年，其祖炌、灼二公入居刘源，辟茶坑之囿。宋太祖建隆壬戌三年，制龙焙贡茶，进建州后贡御，后遂以茶积富，此亦政邑土物之翘楚矣。"郭斯垕云"茶坑"就是宋灼制作龙焙贡茶之所，位于距离湘源不远的镇前下庄村。

宋代龙焙贡茶遗址"茶坑"寓于洞宫山中，奇石嶙峋，山势巍峨，云雾缭绕。山脚平坦处良田连绵，极目四周，壮阔而平坦。远处资福寺四周茶园茂盛，下庄村前村后野丛遍布。

倒栽杉挺拔矗立，茶叶苗繁衍各地。政和杨源凤山与建瓯东峰凤凰山凤仪建溪，遥相辉映。北苑御焙与政和龙焙翘楚一方，茶香动龙颜。《杂事记》中关于龙焙贡茶的记载，解开政和龙焙贡茶的面纱，丰富了宋徽宗皇帝御赐县名的传说。

（二）从官焙到民焙的转身

1. 宋朝官焙倡制

白茶制作技术简单，采摘回来的茶叶经自然萎凋、晾晒，烘干后就成茶。在政和东平、石屯、铁山一带，家家户户都有自制白茶的传统，制茶技术代代相传。

政和民间倡制白茶的传统，呼应了一些专家认为白茶是最早的茶叶的起源观点。专家理由是：中国先民最初发现茶叶的药用价值后，为了保存起来备用，必须把鲜嫩的茶芽叶晒干或焙干，这就是中国茶叶史上白茶的诞生。

从民间倡制到官焙制作，始于北宋北苑御焙，政和白茶穿上贡茶的水晶鞋，"灰姑娘"变成了"白雪公主"。

宋徽宗的《大观茶论》有一节专论白茶。曰：白茶，自为一种，与常茶不同。其条敷阐，其叶莹薄。崖林之间，偶然生出，盖非人力所可致。正焙之有者，不过四五家；生者，不过一二株；所造止于二三銙而已。芽英不多，尤难蒸焙，汤火一失则已变而为常品。

须制造精微，运度得宜，则表里昭澈。如玉之在璞，他无与伦也。浅焙亦有之，但品格不及。

北宋时期，政和东平、高宅、长城、东衢、感化五里是"北苑贡茶"重要产地，建瓯的北苑御焙兴盛，茶产地下设分焙。《大观茶论》里说的白茶，是早期产于御焙茶山的野生白茶。

大观茶论

公元1115年，关隶县分焙向宋徽宗进贡茶银针，"喜动龙颜，获赐年号，遂改县名关隶为政和"。

政和白毫银针是以"北苑贡茶"的身份惊艳现世，既是皇家的新贵，也是宫廷的宠儿，更是朝中大臣难得一品的稀有珍茗。随着宋王朝的不复存在，白毫银针也卸下了华丽的宫廷盛装，又飘落于平凡民间。

2.元明清时期民焙繁荣

六大茶类之一的白茶，犹如舞中芭蕾，高雅而脱俗，原味中蕴含着自然的意境。

宋王朝灭亡，又历元、明、清三朝，政和茶叶茂盛依然，"稚子烹茶敲石火，林僧剖竹引岩泉"，"嫁女不慕官宦家，只询茶叶与银针"。尤其是到了清末民初，政和白茶生产到了一个鼎盛时期。

《茶业通史》载："咸丰年间，福建政和有一百多家制茶厂，雇佣工人多至千计；同治年间，有数十家私营制茶厂，出茶多至万余箱。"特别是光绪五年（1879），铁山村发现政和大白茶并得以大量繁殖推广，勤劳智慧的政和人民利用政和大白茶为原料制作的白毫银针和白牡丹，品质大幅度提高，政和白茶声名鹊起。

著名茶学专家陈椽专著《福建政和之茶叶》（1943年）述："政和茶叶种类繁多，其最著者首推工夫与银针，前者远销俄美，后者远销德国；次为白毛猴及莲心专销安南（即越南）及汕头一带；再次为销售香港、广州之白牡丹，美国之小种，每年总值以百万元计，实为政和经济之命脉。"

《政和茶史纪略》载：民国三年（1914）有"庆元祥""聚泰隆""万新春"等54家茶行，年产银针40吨。民国九年（1920）东平、西津及长城一带大量生产白牡丹，远销香港。民国十一年（1922）越南茶商在政和县开设12家茶栈，白牡丹茶始销越南。民国十五年（1926）银针远销法国、德国，年销量达50多吨。民国二十九年（1940）《闽茶专刊》创刊号载：至7月止，政和县登记外销茶号茶行47家。

传说城关东门的美珍茶行，以制白毫银针著名，十分富有，一担银针换一担银元，茶叶运输和银元挑回需要众多家丁护卫，威武壮观。

后因连年战乱，茶园大量抛荒，政和白茶产销逐年下降，许多茶厂倒闭关门。

3. 新中国成立初期开设政和茶厂

1949 年政和解放，福建省茶叶公司指派担任过省立福安高级农业学校校长的李润梅到政和，筹建政和茶厂，并担任技术员。

李润梅奉命辗转到政和，于 1951 年春恢复了政和茶叶生产，生产白毫银针、绿茶等。

政和茶厂没有固定场所，开始时租用民宅，1952 年搬到城区边一座庙宇，并开始筹建厂房。1953 年春茶生产季节，谢毕真和张天福的政和之行，促成了政和茶厂厂房的开工建设。1954年，位于政和城郊的茶厂新厂房建成投入使用，

政和茶厂老照片

技术改造——精茶分选器

新茶厂成为全县最漂亮的建筑，这也是当时政和唯一一个白茶生产企业。刚开始建立时，政和茶厂属于福建茶叶进出口公司，后来划归地方，改为政和国营茶厂。

1979 年政和茶厂
贡眉茶样品

1981 年政和茶厂
毛茶进仓样品

政和茶厂建厂初期使用的木
制茶叶样品盒（杨丰收藏）

1958 年，又新建设了国营政和稻香茶场，茶叶种植和生产并举。

有了这两家茶叶生产企业，政和白茶又重新迈出外销的步伐。

那时候茶叶属于国家二类物资，茶叶购销

政和茶厂生产车间

企业均为国有国营，每年由隶属于政和县茶业局的东平茶叶站代为收购白茶毛茶，而后调拨到政和茶厂加工，成品成箱后专卖到福建茶叶进出口公司再出口外销。

政和的白茶市场依然是统购统销，随着外销需求量的增加，白茶每年出口量不断增加，政和有了两家大型生产企业，生产量从每年不足 5 吨逐步递增到 20 世纪 80 年代末的每年近 50 吨。

随着民营茶叶企业的崛起，政和茶厂和稻香茶场这两家国营企业经营陷入困境，不得不先后转制和停业。

4.改革开放后民焙崛起

1992 年之后，政和
茶叶企业和中国经济一
样,迎来划时代的步伐,
民营白茶生产企业如沐
春风,雨后春笋般成长。

20 世纪 80 年代中
期，政和东平。一个年
轻的身影挑着茶青遁入
亲戚家中，偷偷摸摸生

由稻香茶厂转制的瑞茗茶叶有限公司,成为
中国白茶十强企业

产政和白茶，几天后白茶做好，他又背着装满白茶的蛇皮袋，趁着
夜色翻越山岭到隔壁建阳县，搭上头班车用托运金针菇（或黄花菜）
的名义，将白茶托运卖到广州。

每年他都这样偷偷摸摸地晾晒白茶，卖到广州，通过朋友出口
香港。

1993 年允许个人生产茶叶的政策出台后，他和朋友在东平创
建茶厂，生产政和白茶出口，他就是现在政和闽峰茶业的总经理张
步瑞。

现已退休在家的原政和县茶叶公司经理陈绍泽，1991 年个人办
厂制作白茶成品直销香港，由于当时政策没有完全放开，政和县不
允许私人经营白茶，厂址只能设在邻县的松溪茶坪乡。

很多原政和茶厂员工下岗后，或独资，或合伙开办茶厂：周寿
堂等人创建利民茶厂，叶健创建飞达大白茶加工厂，范祖胜创建宏
达茶厂。

这些茶厂专制政和白茶，产品直接销往香港。厂家逐年增加，产量大幅递增，企业逐年壮大成长。

1995年注册"白牡丹城"商标的政和白牡丹茶叶有限公司，茶叶基地获瑞士IMO有机认证，并获得茶叶进出口权，这也是全县第一家获得自营出口许可的白茶企业，年产量超过100吨。

据福建省茶叶学会统计：2003年福建省白茶产量1760吨，占全国总量的90%以上，其中政和县白茶产量占全省的70%左右。

政和白茶出口，主要通过港澳港口，运往东南亚、欧美等国销售，内销量偏少。

墙内开花墙外香的格局，随着人们健康理念的变化，抗氧化、抗肿瘤、助消化、美容养颜的政和白茶，也悄然地改变。

5. 从出口为主到内外销平衡

酝酿和培育了十几年的政和白茶国内市场悄然走旺，2014年涌现第一波高峰。

独辟蹊径，白茶产品主推国内市场，工艺屡有创新的隆合茶业，坐落于铁山东涧的徽派特色建筑的工厂内，制茶师傅夜以继日地忙碌，晾晒白茶茶青的廊桥放满了一架一架的茶叶。

独具特色，传承传统工艺规范制作，年产量超过100吨的瑞茗茶业总经理余步贵，送走一拨购买白茶的客人，又接到要白茶的客户的电话。

际浩茶厂专业严谨，产品求精不求多，获得专利产品的仿政和通宝钱币造型的白茶茶饼，获得许多文人雅士的偏爱。

如今，政和白茶的外销渠道一如既往，有出口权的企业或直接进入香港市场，或厂家直接销往港澳茶商，其他则是卖到福建茶叶进出口公司，由其办理出口。

国内市场的销售则是各显神通。隆合、瑞茗、茂旺等龙头茶叶企业，在产品包装和品牌推广上下功夫，努力向市场推出高质量的白茶产品。

"你看，你看，月亮的脸悄悄地在改变。"

内销市场的兴旺，改变了政和白茶"墙内开花墙外香"的格局，白茶生产企业也从单一生产外销白茶产品，向品牌化、精品化、提升附加值的多元化转变。

据政和县茶叶推广中心统计：全县现有生产经营白茶的企业58家，2018年全县白茶成品产量近4000吨，比2017年翻了一番，出口与内销量势均力敌，预示着国内政和白茶市场旺盛的前景。

（三）近现代政和白茶茶人

1. 李翰飞

李翰飞，原名李联井，政和县城邑人，1890年出生，外号"番子鬼"。

李翰飞的父亲就是政和殷富茶商。李翰飞虽出身殷户，但时逢甲午海战末期，茶叶外销堵塞，茶价狂跌，加上生父年老去世，家道也曾一度中落。

民国初，李翰飞在政和城关东门兴办美珍茶行，以制白毫银针著名，兼生产政和工夫，成为政和一大茶商，同时跻身政界成为一大乡绅。时白毫银针价格十分走俏，人们传言美珍茶行一担银针换一担银

民国时期李翰飞美珍茶行出口白毫银针的茶箱

元，茶叶运输往来需要众多家丁护卫。李翰飞也因为茶行积累了很多财富，成为政和大户，1926年起任政和商会会长。

李翰飞制茶时期，政和茶叶兴旺。政和茶人在政和生产茶叶，然后销售到福州、武夷，甚至出口香港。清末有铁山人周飞白，民国有著名茶人范柳材、宋师焕，城关的茶行有数十家，产茶千担以上的有：李翰飞的美珍茶行、陈协五的义昌牛茶行、郑照的怡和茶行、宋师焕的义和茶行。美珍茶行时在政和为茶行领头羊，至1930年，仅茶叶一项就多达1000多箱，他的"美珍"招牌在福州也相当吃香。

2. 宋师焕

宋师焕，政和县澄源乡前村人，生于1904年。宋师焕幼年时气宇不凡，16岁进入商场开始做生意，主要与木材和茶叶打交道。后来生意渐大，他所创办的"义和"号茶庄，声名远播，成为政和最大的生产商之一，尤以生产销售大白银针（白毫银针）为主。

宋师焕　　　　　　　　　　宋师焕家门口的炮楼

　　1928 年，宋师焕曾经作为大白银针茶代表，和时任福建省财政厅厅长严家鉴一起亲赴香港，从中斡旋大白银针直销香港事宜。从此大白银针直销香港，市场扩大，茶价倍增。据贸易档案统计，1930 年全县出售香港茶叶已达 26000 余箱，宋师焕的义和号大白银针占其中三四成。

　　1948 年，宋师焕因病去世。目前，宋师焕在前村所建住宅犹存，由其二儿子宋宏景居住。在房子二楼角落处，还堆放着一些黑乎乎的茶箱，这是宋师焕当年做茶叶时盛装白茶的茶箱，"义和"两字特别的明显。茶箱向我们证实了宋师焕对政和茶叶生产、对白毫银针出口香港的贡献。

3. 范柳材

　　范柳材，字列五，号昌义，生于 1889 年，卒于 1940 年前后，政和县铁山东涧村人。柳材出生于茶叶世家，其父在同治年间就已经营茶园和茶叶生意。柳材受父亲影响，自幼便耳濡目染茶叶生产和经销的种种过程，从而激起他对茶叶生意的极大兴趣，父亲去世后柳材继承父亲衣钵，创立昌义茶庄，年产各类精制茶叶 1000 多担，并在政和城内建立茶号，打造"周珍"品牌，名声颇大。

4. 陈协五

陈协五，字高纪，生于 1876 年，卒于 1941 年前后，政和城关人。少入县庠，秀才出身。初家境贫寒，但他为人勤劳。1919 年，陈协五创立的义昌生茶行正式挂牌，生产茶叶全部由省城"高丰"及"蔡记"两茶行包销，分别销往越南、泰国、德国及俄罗斯。陈协五去世后，义昌生茶行由其次子陈世封继续经营，直至 1951 年终止，历时 30 多年。

5. 秦光前

秦光前，生于 1893 年，卒于 1987 年，政和城关人。1921—1924 年，先后担任过沙县公署第一科长和将乐县代理县长，1938 年弃政从商，回到家乡创办实业，创办庆余茶行。1940 年，福建省茶叶公司在政和创办直属制茶所，聘秦光前为制茶所副主任。该所因故仅一年便停办了，一切后续事宜均交秦光前处理。此后，秦光前则长驻福州经营茶叶生意。

6. 李润梅

李润梅，1921 年生于福安县，卒于 2003 年。1951 年，受指派到政和县筹建政和茶厂。历任政和茶厂工务及生产技术课长、质检科长、副厂长等职。在此期间，他经常深入茶区指导生产、传授制茶技术，特别是对挖掘和改进传统名茶白牡丹和政和工夫的生产工艺发挥了重要作用。

7. 吴子秋

吴子秋，又名吴祖秋，1934 年生于福安县韩阳。1959 年 3 月，调任政和茶厂技术干部，此期间曾被选任福安专署茶业局编辑组编辑，编著出版《福建茶树栽培》。

他在多年工作中，认真总结推广政和大白茶种植技术和政和工夫等的初制加工技术，积极引进优良茶叶新品种，推广先进种植技术，为政和茶叶发展做出很大贡献。

8. 冯廷佺

冯廷佺，1943 年生于福安县双峰村，教授级高级农艺师。1961年 8 月福安专区茶叶技术学校毕业，同年 9 月就职于国营闽东第三茶叶精制厂政和茶厂，前后 12 年。曾任政和县委副书记、福建省人大常委会农经委副主任。2002 年之后任福建省茶叶学会会长、中国茶叶学会副理事长。

9. 周玉璠

周玉璠，1941 年生于宁德市蕉城区洋中，教授级高级农艺师。1962 年 10 月就职于闽东第三茶叶精制厂政和茶厂，1972 年 7 月奉调宁德县茶业局。2002 年至今任福建省茶叶学会会讯主编、张天福茶学研究分会副会长。曾多次获科技成果奖励，2011 年度获张天福茶叶发展贡献奖。

10. 林应忠

林应忠，1939 年生于莆田，2015 年去世。1961 年毕业后，分配到政和县茶叶科工作，此后直到 1996 年，先后就职于政和县茶叶局和政和茶厂，高级农艺师，致力于引进茶树新品种、建设密植速生生态园和有机茶园，引进茶叶新机械、新工艺，为政和县茶叶科技进步做出一定贡献，曾获得多项科技进步奖。

（四）政和白茶非遗传承人

1. 杨丰

杨丰，1971 年 11 月生于福建政和，1987 年高中毕业后开始学习政和白茶制作技艺，师承高级农艺师林应忠，现为政和白茶制作技艺省级非遗传承人，第六届南平市茶叶学会理事。

2003 年创办政和县隆合茶厂。杨丰做茶，谨遵古法，有对水、对茶、

杨丰赠书给意大利前总理马泰奥·伦齐

对节气、对大自然、对制作的每个程序细节的虔敬。在杨丰眼里，自己的茶叶应不负愧老家千年盛誉，不负愧天下杯盏。

制茶 30 年来，杨丰坚持工作在茶叶生产、加工和科研第一线，所研发生产的政和白茶获得多项荣誉。2013 年，获得制茶高级工程师职称，被南平市人民政府评为首批特级制茶工艺师，被聘为南京正德茶文化研究院专家委员会委员。2014 年，获制茶高级工程师高级专业技术职务任职资格，被聘为武夷学院茶与食品学院茶学客座教授和中国茶叶博物馆"先生说茶"大讲堂专家，在山东农业大学、南京国际茶博会等推广政和茶。

2. 余步贵

余步贵，生于 1970 年，大专学历，政和白茶制作技艺省级非遗传承人。1986—1988 年在原国营政和县稻香茶场茶叶加工厂学习政和白茶制作技艺；1988—1991 年间，先后到福建省农科院茶叶研究所培

——
余步贵

训与进修茶叶加工专业技术和理论知识。1995—2002 年历任稻香茶场茶叶加工厂技术员、副厂长、厂长。2003 年在稻香茶场改制后于 11 月组建了政和县稻香茶叶有限公司，2006 年底与福建茶叶进出口公司合资成立福建政和瑞茗茶业有限公司。

2009—2010 年参与起草《白茶》国家标准；2009—2011 年负责的"国家白茶生产标准化示范区"建设，通过国家标准化管理委员会验收；2013 年获南平市科技进步奖一等奖。

3. 叶昌飞

政和工夫红茶制作技艺省级非遗传承人，南平市白茶特级制茶工艺师。

叶昌飞是政和县最早一批从事个体制茶的茶艺师，连年担任政和茶叶协会副会长。1993年，叶昌飞在星溪茶厂的基础上建立了福建省闽北名茶公司，并于同年在北京成立了分公司。2004 年在福建省闽北名茶公司的基础上建立了福建省闽辉名茶有限公司，2018 年公司获得"中国白茶十强企业"提名。

叶昌飞

4. 许益灿

许益灿，生于 1971 年 11 月，政和云根茶业有限公司高级制茶师，政和白茶制作技艺市级非遗传承人。出生于高山区澄源的许益灿，祖父和父亲都是茶人，中学毕业后他毅然投入到制茶行业，经过 20 多年的拼搏和积累，如今已成长为高级制茶师。用心制作一泡好茶，是每一个制茶人的追求，许益灿深有体会。

——
许益灿

5.黄礼灼

从小学开始，黄礼灼在父亲黄仕攀的影响下，利用节假日参与白茶生产加工，认真学习选青叶、萎凋、开筛、并筛、拉火、精选、烘干等相关环节技艺，大学毕业后，就到父亲的白牡丹茶叶有限公司担任技术员。

2007 年，黄礼灼代表白茶专业加工人士参

——
黄礼灼

加福建省科技厅重大科技专项"政和白茶产业化研究与示范"的制作实验。同年加入全国茶叶标准技术委员会，作为专家组成员参加《白茶》国家标准编撰工作。

6. 范祖胜

政和白茶制作技艺市级非遗传承人。他的家乡，家家户户制作白茶，范祖胜从小就常跟随父母制作政和白茶。高中毕业后，范祖胜跟随东平利民茶厂技师暨旭清学做茶叶，后拜师政和茶厂高级制茶师张阿觅，学习制作政和白茶。1999 年创办政和县

———
范祖胜

东平宏达茶厂，致力于政和白茶的生产及销售业务，产品远销港澳地区及东南亚、欧盟。"一世清茗"牌白毫银针获 2008 年南平市政府举办的茶王赛银奖，"一世清茗"牌系列产品获 2013 年南平市知名商标和 2016 年福建省名牌产品荣誉称号。

7. 余仁贵

政和白茶制作技艺市级非遗传承人。1959 年 7 月出生，1980 年到政和国营茶厂当学徒，跟随茶厂技术员叶文梅学习政和白茶制作。

1996 年租赁茶厂一个车间，自己生产白茶，所生产的白茶全部销售给福建茶叶进出口公司，并成为该公司定点生产、代生产商。40 年来，余仁贵坚持在政和白茶生产一线，被福建省茶叶学会授予高级评茶师；所制作的政和白茶参加

——
余仁贵

第五届政和白茶斗茶赛获银奖、第六届政和白茶斗茶赛获金奖。

8. 吴碧海

政和白茶制作技艺市级非遗传承人。1975 年出生于制茶世家，爷爷吴保兴原是政和茶厂工人，拜李润梅为师，后成长为政和茶厂制茶师。20 世纪 90 年代初政和县良种场茶厂改制，吴保兴承包了茶厂，开始制作政和白茶。吴碧

——
吴碧海

海的童年时光几乎都是在茶厂度过，1992 年开始跟随爷爷制作白茶。

茶厂停业后，他独自前往铁山花茶场继续学习。2005 年，于铁山李屯洋创办了泰云春茶业有限公司，以政和大白茶制作白茶为主打产品，两次获得福建省著名商标。

9. 汤文奇

政和白茶制作技艺市级非遗传承人。1985年 3 月出生，2007 年追随父亲汤德楹学习制作政和白茶，十几年来始终工作在政和白茶制作、研发和技艺传承的第一线，所制政和白茶曾获得多个奖项。2011 年在镇前村茶场基础上创办

——
汤文奇

峥茗茶业公司，镇前的基地茶园被评为"中国三十座最美茶园"，所制作的政和白茶参加第六届政和白茶斗茶赛获得银奖、第七届政和白茶斗茶赛获得"茶王"称号。

六 万里茶路承一脉

一

茶是中华民族举国之饮，是中国人生活中的必需品，所谓"开门七件事，柴米油盐酱醋茶"。

中国是茶的故乡，世人普遍认为饮茶是中国人首创的，世界上其他地方饮茶和种植茶叶的习惯都是直接或间接从中国传过去的。

政和白茶出口欧洲，从明朝开始。

（一）俄罗斯船队外运政和白茶

石屯镇沈屯村一带是政和传统茶区之一，历史上曾经是政和茶叶对外贸易的一个重要埠头。

沈屯村如今地处七星溪北岸约 1 千米处，可在民国初期，七星溪却是从村边流淌而过，并且在村前形成一个深水港湾。又因为地处古代官道，故此得水陆之便利。

相传明朝正德初年，有沈姓人家相中这块风水宝地，到此落户开基，故此得名沈屯。后来又陆续有张、陈、黄等姓迁入，人丁逐步旺盛起来，慢慢形成上坂、中坂（又名张坂）和下坂三个聚落。到嘉靖年间，人们在沈屯附近发现丰富优质的瓷泥（高岭土），于是纷纷立窑烧造陶、瓷器。由于产品精美，引来四方客商，沈屯村一下子热闹起来，出现了一条北山街市。

沈屯村能烧制精美瓷器的消息很快传入京城，皇上下旨要沈屯窑工烧造一张精美的"九龙床"。窑工们接到旨令后，又惊又怕，日夜赶造，可他们从来没造过如此庞大的器物，况且又是皇宫用品，尽管他们细心做出了胎样，可是连烧几窑都没有成功，无法交旨。皇上一气之下，命官兵到沈屯"抄窑"，结果红极一时的沈屯窑被抄灭了，如今只留下一个"瓦窑头"的地名，北山街也被称作"抄古街"。

沈屯窑被抄之后，沈屯村再也见不到昔日的繁华，村民们也失去谋生的依靠，生活陷入困境。一天夜里，村中有位老人做了个梦，梦见一位仙姑告诉他，在西津望浙山火云洞里有"仙株"，可以移来沈屯种植和加工。第二天，老人带领几个年轻人到火云洞一看，果然有三株高大的茶树，于是便挖回来种在村后北山垅上，不出几年，便出现了大片茶园。从此，村民们家家户户便以种茶为主业，做茶取代了制瓷。由于沈屯之茶得自"仙株"，品质好，故此十分畅销，沈屯茶的名声慢慢传到了国外。

19世纪中期，有慕名而来的俄罗斯茶商到沈屯设立茶厂，专门生产红茶砖，茶厂所在地被称为"茶坪"。为运输政和茶叶，俄罗斯茶商还组建了一支俄罗斯船队驻泊在沈屯湾。这支船队有10多艘载重2吨多的木帆船，除负责运输沈屯砖茶外，也承运政和各著名茶号所产之工夫茶。政和城区及东路各茶号所外销的茶叶，先在前街妈祖庙码头装筏（每筏可载600千克），由竹筏运

西津古渡

到沈屯湾后，改由俄罗
斯船队的木船运往福州，
转香港等地出口。茶业
的兴旺和俄罗斯船队的
驻泊，使沈屯村再度兴
旺起来，商业随之繁荣。
民间传闻，当年沈屯码
头所在的张坂，被称为
"小南台"。

西津渡口古茶亭

　　抗日战争爆发后，茶叶外销受阻，茶叶生产遭严重破坏，俄罗
斯茶商和船队先后撤走，沈屯又一次从繁盛走向衰退，加上沧海桑
田，河流改道，沈屯湾和码头如今已不复存在，只有"窑头坪""北
山街""茶坪""小南台"这些具有厚重历史意蕴的名字，还深深
地遗存在人们的记忆中。当然，"仙株"的名声也没有随历史的远
去而消失，现今沈屯所产茶叶，仍然是优质政和工夫的原料，只不
过政和茶叶外运早已由水路变为陆路。

（二）政和白茶热销海外

　　明朝中后期，茶禁甚严，朝廷对建宁府所产之茶尤加严控，"铢
两不得出关"，特别颁严令："载建茶入海者斩。"（陈继儒《茶

小序》）在此严控政策下，政和茶也无外销渠道。明末清初，茶禁稍弛。顺治元年（1644），英商和英国东印度公司先后到厦门设立商务机构。雍正七年（1729），俄国与中国开辟恰克图贸易互市，茶叶成为中国主要出口贸易品之一。至此，茶叶有了外销通道。道光年间，海运开禁，五口通商，福建占有福州、厦门两个通商口岸，由是茶叶通商贸易迅速发展，这就极大地刺激了茶叶生产发展。其时政和就有茶厂茶庄数十家，年产红茶近万箱，绝大部分出口外销。银针茶问世后，年产量1000多箱，大多出口欧美国家。

清朝时期白茶装箱运往国外

外国茶人品鉴茶汤

宣统二年（1910），政和茶商范柳材（昌义茶号老板）创制名茶"白毛猴"，全部销往安南（今越南），开始抢占安南茶叶市场，致使安南茶商于 1922 年到政和开设 12 家茶栈监制"白毛猴"，年产量约 4000 箱（每箱 30 千克），连同政和的"白牡丹"茶，一起销往安南。同一时期，政和各茶号年产白毫银针近 40 吨，全部经福州转口销往海外。1926 年，政和生产白毫银针 50 多吨，大多销往德国。1928 年，政和茶商范柳材受安南茶商委托，收购茶叶转销安南，此举大大促进了政和茶叶外贸向多品种发展。与此同时，政和茶商宋师焕、季大兴等赴香港与港商接洽取得成果，此后，政和银针茶开始直接销往香港，由香港转销欧美。

据民国时期福建茶叶对外贸易统计资料，民国二十七年（1938），政和县经省外贸部门出口外销各类茶叶 6880 箱，价值 404479 元。其中白毫茶 435 箱，值 59301 元；小种 458 箱，值 19964 元；工夫茶 5919 箱，值 324311 元；其他茶 68 箱，值 903 元。总出口量与崇安县（今武夷山）不相上下，但币值则大大超过崇安县。

民国二十八年（1939），政和经省外贸部门出口外销各类茶叶猛增至 15516 箱，币值 772385 元。其中白茶 1680 箱，币值 193087 元。当年崇安县出口总量为 8386 箱，币值为 367662 元，均大大少于政和县。

抗日战争和解放战争时期，政和茶叶生产遭受很大破坏，外贸出口也受到极大影响，且大多缺乏统计资料。

新中国成立后，政和县的茶叶生产迅速得到恢复和发展，并成为本县外贸出口的主要产品，其主要品种政和工夫、绿茶、白牡丹及茉莉花茶等均通过福建茶叶进出口公司办理出口，其中政和工夫直接发往上海口岸出口。据《政和县志》（1994 年中华书局版）记载，1952—1980 年，政和共精制加工各类茶叶 20124.40 吨，其中出口量为 8412 吨，占总产量的 41.80%，销往 32 个国家和地区。

1982年后，茶叶生产及外贸市场多有变化，政和茶叶的外销状况也时有波动。1982—1988年共出口各类茶叶2977.41吨，其中白茶250余吨。

1989—1992年，政和县茶叶外贸出口仍然是由国营政和茶厂担纲，四年间共出口白茶200吨。1993年后，个私茶企迅速发展，茶叶外销则呈现多渠道之势，特别是在红茶外销有所下降的情况下，白茶和花茶的外销则势头渐旺。如1998年，全县外销红茶150吨、白茶345吨、花茶360吨；2000年外销红茶85吨、白茶460吨、花茶300吨；2005年，外销红茶仍保持在150吨左右，而外销白茶则达750吨，花茶也达500吨。1993—2005年，全县共外销政和白茶达4940余吨。2006年，白牡丹茶叶公司取得自主进出口权，从而进一步促进了茶叶外贸业务。2007年，政和县出口各类茶叶近

近年来，很多外国朋友到中国茶游学。图为加拿大志愿者在采茶

700吨，其中政和白茶550吨，出口到美国、俄罗斯、加拿大、日本、欧盟、中东等30多个国家和地区。

2010年后，各年产量较大的茶企，在注重国内市场的同时，更加关注开发国外市场，使政和茶叶产品走进世界各地，如瑞茗茶业的红茶、白茶、花茶先后出口到欧美及东南亚国家；白牡丹茶叶公司产品外销东南亚国家；闽辉名茶公司的红茶、白茶出口欧美、日本及东南亚；隆合茶业产品销往东南亚、俄罗斯、瑞上及美国；宏达茶业产品销往欧美及港澳台地区；世发茶厂产品出口日本；信灼茶业产品出口非洲；一品红茶业产品销往东南亚；闽峰茶业产品销往港澳地区，等等。

（三）政和白茶组团推广

政和县作为福建省的茶叶主产区之一，共有茶园11万亩。近年来，政和县通过各种方式推介政和白茶，连续举办了7届政和白茶斗茶赛、政和白茶全国品鉴会，还举办了3届"爱在政

2010年11月政和茶业组团参加武夷山茶博会

和"中华紫薇文化旅游节。同时，县委、县政府多次组团参加北京、厦门、济南等重要国际茶展，连续10届组团参加厦门"9·8"投洽会，连续11届组团参加海峡两岸茶博会，参加2010年上海世博会和2015年米兰世博会，以及各茶企参加全国性、全省性的茶叶推介会、评鉴会、名茶评选等茶事活动，同时参加由福建省组团参展的美国、澳大利亚、英国等国际茶博会。

2018年，政和白茶列入中央电视台的国家品牌——广告精准扶贫项目，5月份政和白茶公益广告宣传片亮相中央电视台8个频道，以每天不少于20次的频次播出1个月，政和白茶

2014年8月政和茶业北京推介会，授予北方地区150家企业经营权

2015年7月第四届政和白茶斗茶赛

2015年厦门投洽会，政和白茶茶艺表演

中央电视台播出政和白茶广告

迎来了新的春天。政和县抓住难得机遇，乘势而上，以品牌建设年为契机，积极融入"武夷山水"区域公共品牌，抱团发展"政和白茶"，入选首批"武夷山水"区域公用品牌，有效提高了政和白茶的知名度和美誉度，品牌影响力和市场占有率进一步提升，品牌价值达 46.17 亿元。政和白茶也在国际大会上频频亮相，2016 年成为杭州 G20 峰会白茶类指定用茶，2017 年成为首届科技金融国际峰会指定专用茶，2018 年作为 2018 上合组织青岛峰会官方指定用茶。

（四）政和茶盐古道

政和县地处鹫峰山脉北段及西麓，是闽北通往浙南、闽东的咽喉要地。过去，一切的物流、人流、资金流、信息流必须通过陆路、水路实现。山区的政和，除了从七星溪、松溪、建溪、闽江这条出域水路外，其他皆为陆路。高耸的鹫峰山脉横亘在闽东与闽北之间，鹫峰山脉往东不远便是海，山脉阻隔，造就了众多古道。翻越鹫峰山的古道与闽东的穆水溪、霍童溪等溪流连通，再通三都澳港，这些古道是政和茶叶运输的重要通道。

政和古道按方向来分，向东通往寿宁、周宁、穆阳、宁德；向南通往屏南、古田、福州；向西通往建瓯、南平、福州；西北通往建阳、武夷山、上饶；向北通往

外屯黄坑至岭腰锦屏古道边的水槽

政寿茶盐古道黄岭至黄坑段（徐庭盛摄）

岭腰乡锦屏村古茶、古道

120

———
古道残墙

松溪、浦城、衢州；东北通往庆元、龙泉、丽水。

通往寿宁的古道是官道，政和到寿宁约88千米，从县城发端，向东经东峰、外屯、湖屯、黄坑、黄岭、暖溪、新康、牛途，在寿宁县平溪镇南溪村石门与寿宁交界，政和境内约50千米。

通往穆阳的古道是东海食盐进入政和最重要的通道，此道从政寿官道外屯村分出，在佛子岩自然村（现建有小水库处）上稠岭，经稠岭头、镇前、郢地，在深度坑与周宁交界，再经周宁赤岩、泗桥、周宁县城，通往穆阳。

向西的古道从县城发端，从官湖（过渡），经桐岭，至工农（过渡）至西津，在西津往西通往建瓯、南平，可走陆路和水路。西津往北经范屯、护田、东平、界溪通往建阳、武夷山。该条古道为政和茶叶到武夷山的万里茶道之一。

向南的古道经林屯、下马石、章口、大垅、国楼、九龙岗、黄坛、岭头、大溪、铁坑殿、杨源（过昌梓桥）、落岭、黄淡坑、岭根与屏南交界，这条古道是去省城福州最近的古道。

向北古道经暗桥、梅坡通往松溪、浦城、江山、衢州。

向东北古道经稻香、铁山、岭腰、后山通往庆元。

政和通往闽东的古道，挑进来最大宗的货物是食盐，挑出去最大宗的货物是茶叶。穆阳是码头，政和锦屏及高山区的茶叶大都是挑到穆阳装小船运到赛岐再装大船，运到三都澳港经东海运到福州、厦门、香港，再出口欧美。

过去，政和县茶叶生产最少有三大中心：城关及平原区乡镇、锦屏、高山区。城关及平原区乡镇的茶叶走水路到建瓯，或陆路到武夷山下梅；锦屏和高山区的茶叶都是经古道挑到穆阳。锦屏当时是个相当繁荣的货物集散中心，周边地区的茶叶、食盐、笋干等大宗货物汇集在锦屏交易，再销往各地。锦屏的茶叶陆路运输路线是，经东关寨（又称松毛隘）到外屯乡黄坑、澄源乡黄岭、澄源、前村、林山、周宁纯池，抵穆阳，岔道或经澄源暖溪、新康、牛途、寿宁南溪、周宁纯池，抵穆阳；或经富垅、上温洋，在郢地与政穆古道汇合。路线不同，是因为挑夫居住地不同，他们挑担尽量经过自己居住地，方便食宿，节约成本。从锦屏到穆阳的古道，我们就简称锦穆古道。

七

馨香飘逸茶旅兴

——

茅台之所以名贵，是因为茅台镇独特而汩汩流出的泉水。

茶叶之所以馨香，是因为茶叶生长周遭地理葱翠的环境。

政和白茶，如同展翅高飞的燕子，从丘陵起伏、河流交错、森林密布、土壤肥沃的政和起飞，翩翩着飞向全国，飞越海洋，向着东南亚和欧美翱翔。

这是一片苍翠欲滴的土地，风情万种的佛子山国家级风景区，摇曳着以政和县名命名的政和杏，欢迎着每一位莅临这里的嘉宾。

也许因她的偏僻你鲜有闻名，但要是你喝过政和白茶，你一定记着那浓郁清甜的茶香。

绿色生态的政和，被誉为福建夏都。政和的版图就像政和大白茶的茶叶，七星溪和纵横交错的公路干线组成了这"茶叶"的脉络，联结着"八山一水一分田"，散落着国家级风景名胜区佛子山和省级风景名胜区洞宫山等许多旅游景点、生态乡镇和生态村。

政和是福建省林业生产重点县。全县千米以上的山峰有100多座，生态公益林面积百万亩，森林覆盖率达78%；境内佛子山、洞宫山生长着松、杉、竹、樟、楠，保育着政和杏、红豆杉等名贵珍稀树种。

春夏之交，一场大雨洗却佛子山的迷蒙，如出浴少女的灵动显现在你的面前。而大雨停歇，或又是一场浓雾翻滚时候。只要你有心逗留片刻，那白皑皑的大雾从山脚的沟壑中悄然蒸腾，飘飘忽忽间就漫上了佛子山佛子岩、将军岩、笔架山。那浓雾依稀处，佛子山岩石若隐若现的曼妙，就弥漫开来，充填着看山的喜悦。

政和境内景景天然，般般美妙。一处处都是精美盆景的放大，一处处都是大千世界的浓缩。

澄源帽子坑生态茶山（陈亮摄）

政和群山耸峙，峰峦竞秀，云雾缭绕。政和茶叶的优良品质，印证了绿色生态的滋润；绿色生态的郁郁葱葱，抚慰了政和白茶的内涵和韵味。

雨露滋润了茶叶的生长，馨香飘逸了旅游的蓬勃。

（一）白茶小镇等你来

在福建，有很多极具古韵和历史的县镇，白茶小镇石圳景色优

美，好茶遍地，因不被人们熟知，成为四季旅行的绝妙静地。

　　石屯镇松源村石圳自然村，位于政和县城西部之七星溪南岸，距城关仅 5 千米，地处七星溪河谷平原及台地，地形近似半岛。城域面积 1200 多亩，土地肥沃，气候湿润，有利于农作物生长。现有村民 126 户，人口 500 余人。

　　石圳建村于北宋中叶，已有近千年历史，初由游姓开基，嗣后林、吴、赵诸姓相继迁入，到明朝中期，人口渐多，村落遂成规模。明、清

石圳古村

时期，石圳已明确归属东衢乡东衢里二十三都。民国时期，石圳为民望乡（后改石屯乡）所辖。1994 年石屯改为镇建制，石圳隶属石屯镇松源村。

石圳地理位置和自然环境十分独特，它背靠牛背山，三面为七星溪所环抱。古代它处在古官道正道桐岭铺和倪屯铺之间，是政和通往省、府的交通孔道。同时，政和最主要河流七星溪流经石圳时拐了一个大弯，形成一处深水港湾，从明、清时期起此处就成为外埠工业品、食盐及政和土特产品、木材、粮食等进出城关的中转码头，石圳也逐渐成为以航运为主的村庄。最盛时期，石圳湾长年停泊的各种船、筏有 100 多艘。政和各地砍伐的木材，则都是通过七星溪放流到石圳湾拉缆集中，装订成连排放流至西津，再合连成大排捎往福州。

发达的航运业催生了商贸服务业。清朝末期，石圳村富庶繁华，华屋连甍。村中不仅有酒店、金银店、杂货铺、药铺、豆腐坊、点心店、旅馆及烟馆、赌场等，而且有粮食庄场 4 座，年储粮食上万担。石圳，俨然是一个繁华的商埠。

清咸丰八年（1858）三月初一，太平天国军首领杨国宗、雄天豫率军攻陷政和县城，知县马翼弃城而逃。太平军在官湖白亭、桐岭、石圳一带与官军和地方联兵反复发生激烈战斗，从四月初一到五月十四，历时一个半月，清军游击董联辉、典史刘其宗及县丞陈某等均被太平军俘杀，场面惨烈。石圳村在战火中遭到严重破坏，从此开始衰落。如今村中许多断垣残壁，多数便是当年那场战火留下的痕迹。

民国时期，随着政和茶叶的再度兴盛，以及木材、笋干等大宗土特产品的外销，石圳的航运业也逐步恢复。但 1942 年后，受太平洋战争影响，茶叶等外销受阻，石圳的航运业再度受挫。新中国成立后，公路相继开通，石圳水运码头功能不复存在。1984年开通桐岭峡，七星溪改道，石圳湾变为内河。但作为历史见证，石圳湾永远存在人们的记忆中，斑斑史迹无异于一部历史教科书，给人启迪，耐人寻味。

近年来随着宁武高速的开通，以及一城两镇建设规划的实施，石圳又迎来了新的发展机遇。在省、市、县有关部门的关心支持下，石圳村的妇女们成立了巾帼美丽家园理事会，她们群策群力，投工投劳，疏浚2000多米古渠道，清理村道、古井，保护古民居、古遗迹，挖掘传统民俗文化，着力恢复古村面貌，在美丽乡村建设中努力打造一个宜居宜游的休闲地、城中村。

石圳有山、有水，有古居、古巷、古树、古庙和古老的故事，加上现有宽阔的田野、石桥下平坦的河道、渡口悬挂的铁索桥……吸引了一对对新人前来拍婚纱照，更让许多生活在浮华都市里的人们流连不已。

古村古巷

古村茶园

从 2013 年开始，政和县委、县政府先后投入 2600 多万元，用于石圳古村保护和建设，坚持建设与古村保护相结合的原则，在恢复古村落"小桥流水人家"原有面貌的同时，着力打造一个村庄美、生态优、百姓富、集休闲与农业观光的旅游景区；完成中华紫薇园一期项目建设，启动朱子书院项目，完成了朱子书院牌坊的建设，村里的古码头文化、妈祖文化、朱子文化和紫薇文化也得到了进一步保护和挖掘。如今的石圳古村生机盎然，游人络绎不绝。

来这里游玩，最好约三五好友，或一家人自驾游，汽车在蜿蜒的山路上缓缓行驶，虫鸣、微风吹动竹叶的沙沙声，依稀可闻。如果想要品茶，最值得推荐的莫过于石圳。在中国，古香古色的小镇着实不少，但既保持当地民风古韵，还清幽雅致，没什么商业气息的地方却是屈指可数，素有白茶小镇之称的石圳，便是其中之一。

（二）政和茶叶发祥地

"北苑灵芽天下精，要须寒过入春生。故人偏爱云腴白，佳句遥传玉律清。"这是宋朝福建贡茶使君蔡襄描写政和白茶的诗句，蔡襄把白毫银针比为灵芽，视为天下精品。

史料记载，北宋时期政和县是北苑贡茶的主产区，白毫银针产量极少，仅供皇帝御用。1115 年（宋徽宗政和年间），关隶县向徽宗皇帝进贡白毫银针，龙颜大悦，获赐年号为政和，沿用至今。

政和白茶的发祥，与一个中国传统村落有关，这个美丽的村庄就是岭腰乡锦屏村。

锦屏古村，政和茶叶发祥地

锦屏村，离政和城关40千米。鸟瞰锦屏村，整个村落崇山环抱，峻岭连绵，古木滴翠，杂花生树，到处透着灵秀之气。锦屏茶园海拔为700—800米，虽地处偏僻，但气候清冷，水色碧蓝，甚至可见水底的白石。

锦屏，过去称遂应场，因村庄对面南屏山300多亩的原始森林，春夏繁花似锦，深秋红叶如霞，似孔雀开屏，因而更名"锦屏"。

锦屏原始森林分布如孔雀开屏，森林密布，飞瀑鸣涧，清流急湍。南屏山多岩石，悬崖峭壁泛着暗红，满山遍野都是茶，茶树扎根很深，又有腐殖土为营养。锦屏村的茶树不成林，而是东一丛、西一丛杂生在山野之间，部分茶枝上还爬了苔藓，藤蔓缠绕。

锦屏村不仅自然环境优美，还是南宋著名的采银地，现仍保存着完整的古银矿洞。相传，时值银矿开采，云集了众多客商。一个白发老翁看到长在石隙岩缝中茂盛的茶树，并教村民采制技术制成茶叶。后来，老翁不辞而别，村民疑为仙人指点，便把所制茶叶叫做"仙岩茶"。因仙岩茶制作精细，颇费工夫，人们又称之为"工夫茶"。

光绪五年（1879），铁山村发现政和大白茶树，并进行大量繁殖。光绪二十二年（1896），锦屏茶商叶之翔用政和大白茶树新叶制成了工夫红茶，称为"政和工夫"。

在大清王朝走向没落时，中国国门被迫开放，政和茶叶漂洋过海，以优雅的茶韵，奇特的茶香，赢得了欧美茶人的广泛赞誉。1915年，政和工夫红茶在巴拿马万国博览会上获得大奖，其后不久有些不法商人开始仿冒政和工夫茶，给政和工夫茶的销售带来了不良影响。1926年，政和万先春茶行就如何识别真假政和工夫茶，专

锦屏古村

锦屏古茶园

仙岩茶茶王

门印制了一张英文打假声明，供外商鉴别。这张打假声明印证了政和工夫红茶：一是创制年代较早；二是当时在国外热销。

上百年的时光，如滚滚车轮逐渐远去。20世纪90年代，政和茶人恢复祖业，传承久远，革新创制出来的"政和工夫"红茶集悠久历史文化、生态文化、时尚文化、健康文化于一体，先后获得福建名牌产品、福建省著名商标。2009年2月，"政和工夫"又获国家工商总局商标局批准注册，成为南平市第三块地理标志证明商标，也是政和县第二块地理标志证明商标；2010年10月，被国家工商总局认定为中国驰名商标。

锦屏村不仅发祥政和茶叶，历史文化源远流长，而且山清水秀，山脉环抱，境内旅游资源得天独厚，风景优美，有千年杉木王、冬暖夏凉的古银矿170洞18坑、百年古茶树、虎头际瀑布、千手观音

锦屏古廊桥桥头的棕衣人

柳、夕阳杜鹃、天池龙
井、官印潭、松林岛，
有全县最高海拔 1579 米
的香炉尖和黄巢起义的
古战场遗址等人文景观、
名胜古迹，是难得的旅
游度假胜地。

锦屏占村十寺观音柳

　　树是山之神，水是
山之魂。锦屏之水清澈，看上一眼，心肺都凉个透。无论走进哪条
山涧，水都那么清凌凌。山涧里，无比坚硬的岩石，最是耐不住柔
柔的水温情抚摸，那一个个巨大的天然"浴缸"便是水的杰作，而
那一个个口小腹大的天然石臼却是两三百万年前第四纪冰川时期形
成的冰川遗迹。这山，因这些石臼而显尊贵。

（三）百年茶俗新娘茶

　　端午新娘茶，是流行在政和高山区杨源一带的独特风俗，已被
誉为高山茶道。

　　"端午到，新娘闹"，说的就是"新娘茶"，又称"端午茶"，
相传这是当地群众为纪念古时一新婚青年在端午节前一天勇除作恶
的蛇，而摆设的敬亲茶席。在每年庙会的前一天（农历五月初四），

凡村里在此前一年内娶媳妇的人家，都要备办各种茶点蔬果摆"茶席"，招待乡亲，谓之请新娘茶，客人可随意到各家赴"茶席"而不必带任何礼物，喝完茶后主人要赠送每位客人一条九尺九寸长的红头绳，以示吉祥平安、幸福长久。

—— 沿袭数百年的新娘茶习俗

端午新娘茶在杨源等几个乡镇流行。据考证，这习俗起自唐中叶，先在富人家流行，宋时得到发展，成为民间普遍的习俗，经明清完善，延至今日，是民众喜爱的传统礼仪。

悠久的历史文化形成了我国丰富多彩、南北各异的民间习俗。进入现代社会，随着社会和经济的发展，一些古老的习俗逐渐消亡，而有些习俗却深深地在民间植根，得以延续。至今在偏僻的政和山区杨源一带山村流行的端午新娘茶，不仅仅是一种习俗，更是一种茶道文化在民间流行的遗存。透过这一古老习俗，我们更可以看出山乡人民古朴忠厚的情感，以及他们和睦相处、互相帮助的融洽人际关系。

端午新娘茶特定时间是端午节前一天，平时非端午时节，这里的村民串门聚在一起，也是一壶清茶几碟干点或者咸菜，只是喝茶的人员少，茶点、茶配没那么多。但是，这一由端午新娘茶衍生的高山茶道文化，更是深入民间，非常盛行。

端午新娘茶及高山茶道文化，流行区域属于高海拔地区，这里山高水冷，但是民风淳朴，尤其是这里的火山岩地貌，孕育出的高山小种茶清香甘甜，为新娘茶的流行，提供了最好的材料。

新娘茶在每年的端午节前一天举行，这时候外出的亲朋好友都回家过端午，邀请到家里，喝一杯新娘茶，沾沾喜气，也是大家津津乐道和喜欢的一件事情。

天时地利人和，新娘茶得以流行千百年，并由端午新娘茶，逐渐衍生到平常时间的家家户户，亲戚来临，或者邻居串门，也要沏一壶茶，摆上茶点，围桌而饮，形成高山区独特的高山茶道文化。

"新娘茶"，其实是一种以茶代酒的宴会方式。茶宴尤其讲究品茶和配茶。茶叶是特制的"清明茶"，泡茶的水是专门从山涧或古井取来的凉水，并用陶罐来烧。烧水的方法是，用火钳夹住陶罐放在灶膛里烧，水烧开后，现冲现泡。泡茶有三种：冰糖茶、清茶或蛋花冰糖茶。配茶的佐料有甜食、咸食、瓜果等多种食品。甜食以糖醋姜片、糖拌地瓜干、芋丸、南瓜丝为主；咸食有茄咸、菇咸、笋脯及各类腌、糟的萝卜干、蕨菜干等；瓜果类有炒黄豆、南瓜子、葵花子、锥栗等。

平时这里人喝茶，茶点稍微简单，三五样即可，以干点和咸菜为主，一般不炒热菜，除非有贵客。

新娘茶的茶配数量越多越能显出主人的热情及新娘子的精巧手艺

（四）载歌载舞茶灯戏

"春呀春芽芽，春风春雨采新茶。绿的是清明茶，又长又白银针茶。"2007年5月，在福建电视台娱乐栏目《综艺先锋》中，人们看到了一出独具特色的茶灯戏《采新茶》。一男一

福建电视台播出政和茶灯戏

女两位演员载歌载舞的表演，感染荧屏内外，他们表演的茶灯戏早些年在政和农村流行一时，近年来几近消亡。节目播出后，茶灯戏在专家和民众中掀起不小的波澜，这个濒临失传、深藏山村的民间戏剧艺术瑰宝得到广泛关注。

福建省戏剧研究所专家介绍，茶灯戏发源于江西九龙山，是一种在茶歌、灯舞和花鼓的基础上，吸收东河腔和徽剧的表演艺术，逐渐形成的一种小戏。据考证，政和县的茶灯戏清中叶由江西传入，主要

茶灯戏表演

流行于东平、苏地等茶乡，每年正月都要开展隆重的茶灯戏表演，一度是东平、苏地一带农村主要的娱乐形式。

政和是中国著名的白茶原产地，北宋时政和茶叶就被列为朝廷贡品。茶叶生产的繁荣，

茶灯戏对唱

民间各种茶事活动应运而生，茶灯戏就是在这种氛围里迅速延传的。政和茶灯戏汲取和融入一些地方民间歌舞，表演清新明快，活泼优美；内容多反映民众生活，有男女爱情悲欢离合的感情戏，有伦理道德和善恶报应的哲理戏，语言生动朴实，唱词通俗易懂。

东平民间茶灯戏艺人吴世传介绍，茶灯戏的角色开始时较简单，多为一生一旦或一丑一旦的对子戏表演，以后逐渐增加，除小生、小旦、小丑外，还有老生、老旦、花旦、彩旦、大花等，号称"八角头"。每个角色都有一定的表演动作和基本功，表演动作虚拟夸张，形象风趣，往往利用花帕、彩伞作道具，通过男女角色的对舞说唱，表现出优美的身段和动作。政和茶灯戏传统剧目有 100 多种，本戏有《赵玉林》《青龙山》《三家福》《割肉记》《卖花记》等，小戏有《双福船》《补缸》《怔氏功夫》《看相》《卖杂货》《化斋》《牡丹对药》等，但很多已失传。他家还遗存有《采茶戏》《十戴花》《十功夫》《卖广货》《补缸》《下南京》等戏本，可以表演的剧目有 30 多种。

民间戏班

　　政和茶灯戏生存，除了在舞台上演出外，更重要的是到村民家里表演，有给长辈做寿或新娶媳妇的人家，一般都会请戏班上门热闹捧场。茶灯戏还有一个特别的舞台就是"走酒"。每年正月正的时候戏班派发请柬，相约晚上到你家唱戏。收到请柬的人家要备好酒菜，等待戏班上门。傍晚时分，演员穿着亮丽的戏服，唱着曲调走进农家。主人会很热情地请演员喝酒，酒过三巡挪开桌子，就正式开始唱茶灯戏了。一般每家唱半个小时，一个晚上可以"走酒"五六场。唱完之后主人给一个红包，多少不限。这种"走酒"习俗，也是茶灯戏赖以生存的重要方式。近年电视的普及，娱乐的多样，"走酒"渐受冷落，戏班也就没有了生存的环境，解散殆尽。

　　目前政和茶灯戏艺人中，以古稀老人吴世传和他妹妹唱得最好。吴世传18岁学戏19岁出师，1979年，他和妹妹联袂表演的《纳鞋底》，参加建阳地区首届"武夷之春"会演，受到好评，但是后来演出很少，十年来都没有上过台。近年来，政和县在发展茶叶经济中融入茶文化，使经济和文化实现互促互动。县文化部门对茶灯戏进行了抢救性发掘和保护，组织了一些爱好文艺的年轻人，向老艺人讨教学习，福建电视台《综艺先锋》播出的茶灯戏，就是他们的重要成果。

"绿的是清明茶，又长又白银针茶。叫声我的哥呀，我的哥来，卖了新茶备嫁妆。"茶灯戏表演可以四五人，也可以是两个人，和东北二人转有些类似。所以福建电视台播出政和茶灯戏后，人们给它起了一个通俗易懂的别名"政和二人转"。

（五）茶竹交融产业兴

政和是中国白茶之乡，又是中国竹具工艺城。茶叶的发展，助推竹产业的兴起，政和精致的竹茶盘，飘逸着政和白茶香，走向全国。

——
葱翠的竹林

"举世爱栽花，老夫只栽竹。霜雪满庭除，洒然照新绿。幽篁一夜雪，疏影失青绿。莫被风吹散，玲珑碎空玉。"郑板桥的诗句，刻画了竹的清高形象。

在远古时代，原本是小草的竹经历若干年的演化，置于深深泥土的根系得到了匪夷所思的发达，因为有了源于深根的滋养，因为有了扎根深土的繁茂根系的坚持，成就了伟岸和修长，成就了温馨和自然。

宁可食无肉，不可居无竹。在当今文明的时代，竹子更加亲近了人们的生活，中国竹具工艺城应声而出。

政和是闽北竹材重要产区，现有竹林面积46万亩，毛竹蓄积量6000余万株。全县共有竹具工艺加工企业220余家，5万多人从事竹具生产。在产业转型升级的过程中，竹加工企业利用茶产业积淀，瞄准家居行业，主打绿色设计牌，意欲将产业链从单一的竹茶具，延伸到由竹家具、竹茶室、竹书房等打造而成的"竹空间"。

作为福建省规模最大的竹具产品加工基地，政和县拥有福建省著名商标5件、名牌产品4件，产品有竹餐具、竹茶具、竹家具、

竹茶盘产品挺进上海世博会

①
②

①茶席：竹影　②茶席：秋意

竹灯具、竹炭用品及竹工艺日用品等 6 大系列 3000 多个品种，产品销售网络遍及全国和东南亚、欧美等 70 多个国家，其中竹茶具占全国市场份额的 70%。2010 年，中国林产工业协会授予政和县"中国竹具工艺城"称号，同年 10 月，编写的《竹茶盘》福建省地方标准获批准发布实施。

政和县把竹产业作为农民致富的优势产业来抓，下大功夫建立竹笋、竹材及加工产品等竹类资源综合开发格局；成立了竹产业发展中心，组织实施全县竹产业发展规划，指导竹产业结构调整，协调行业管理，组织竹产业企业参加各类品牌宣传和经贸洽谈活动，研究和指导全县竹产业技术进步开发工作。

2016 年，全县投入 1200 万元进行竹林优化节能减排改造、现代竹业项目和竹林丰产林建设、竹材（笋）精深加工示范推广，还规划建设茶竹旅文化旅游一条街，推动竹业旅游发展。竹产业发展注重与院校、科研单位及专家的合作，2014 年，北京林业机械研究所在政和设立"竹木加工技术与成果转化基地"和"研究生政和县科研工作站"；2016 年 5 月，中国工程院院士张齐生及其团队在政和挂牌成立院士工作站；县里还设立集研发、展示、培训等多功能为一体的竹产品研发综合服务中心。

政和白茶，温馨自然，没有酒的浓和烈，只是在你需要的时候，飘起那一抹清香，静静地把你陪伴，给你解渴。

政和竹茶盘，清新雅韵，既有木的刚烈，又有竹的正直奋进和虚怀，蕴含质朴和卓尔、善解和担当的竹德。

茶竹的交融，使人安静，让人静享生活，优哉游哉，思考人生，好不惬意。

政和县产茶历史悠久，可追溯到唐末五代时期，至今已有1000多年。宋元时期，政和就已成为著名的建安"北苑贡茶"重要产地之一，茶事兴盛。宋徽宗因为喝了政和白茶龙颜大悦，赐年号政和为县名，沿用至今。

据宋建炎四年（1130）撰写的《宋氏家谱·杂事记》"百一拾一牍"记载："唐贞元乙丑北琅公置茶园坑山一所，下至溪、上至分水、左右至潘山。"唐贞元乙丑年，即公元785年，其时宋氏已垦辟茶园，此为政和种茶历史在民间文献中的明确文字记载。

自宋兴盛，元明清以来，政和白茶生产经久不衰，特别是改革开放后，政和白茶销往港澳，曾占全国白茶出口量的70%，可谓一枝独秀。

2008年3月，政和县被中国经济林协会命名为"中国白茶之乡"。6月，政和白茶地理标志产品证明商标通过国家工商总局商标注册。随后"政和白茶及图"商标被确认为福建省著名商标。

2011年后，白茶市场逐年扩大，政和各茶企纷纷乘势而上，白茶产量进一步提高，政和成为全国最主要的白茶产地之一，有"政和白茶，中国味道"之誉。

为了编好这本书，政和县委宣传部部长陈明艳、县人大常委会副主任许绍卫多次召集有关部门和作

后记

者座谈，县委宣传部副部长陈绍成牵头组建编写组，督促采编工作。

本书第一、第五章由周元火、熊源泉编写，第二、第三章由杨丰编写，第四、第六、第七章由李隆智编写。全书最后由李隆智统稿。在本书的编写过程中，参考了《政和茶志》《茶话政和》《中国白茶小镇——石圳》等书，从中选取了徐庭盛、杨扬、余步贵所著部分内容，编入本书。在此，表示特别感谢。

本书大部分图片由李隆智、李左青拍摄，周玉璠先生提供了政和茶厂老照片。

由于时间仓促，书中错误和疏漏之处在所难免，敬请专家、读者批评指正。

编写者

2019 年 5 月